CB060898

APOIO CULTURAL

Santander Banespa

Os Duendes de Seis Patas e a Cidade Mutante

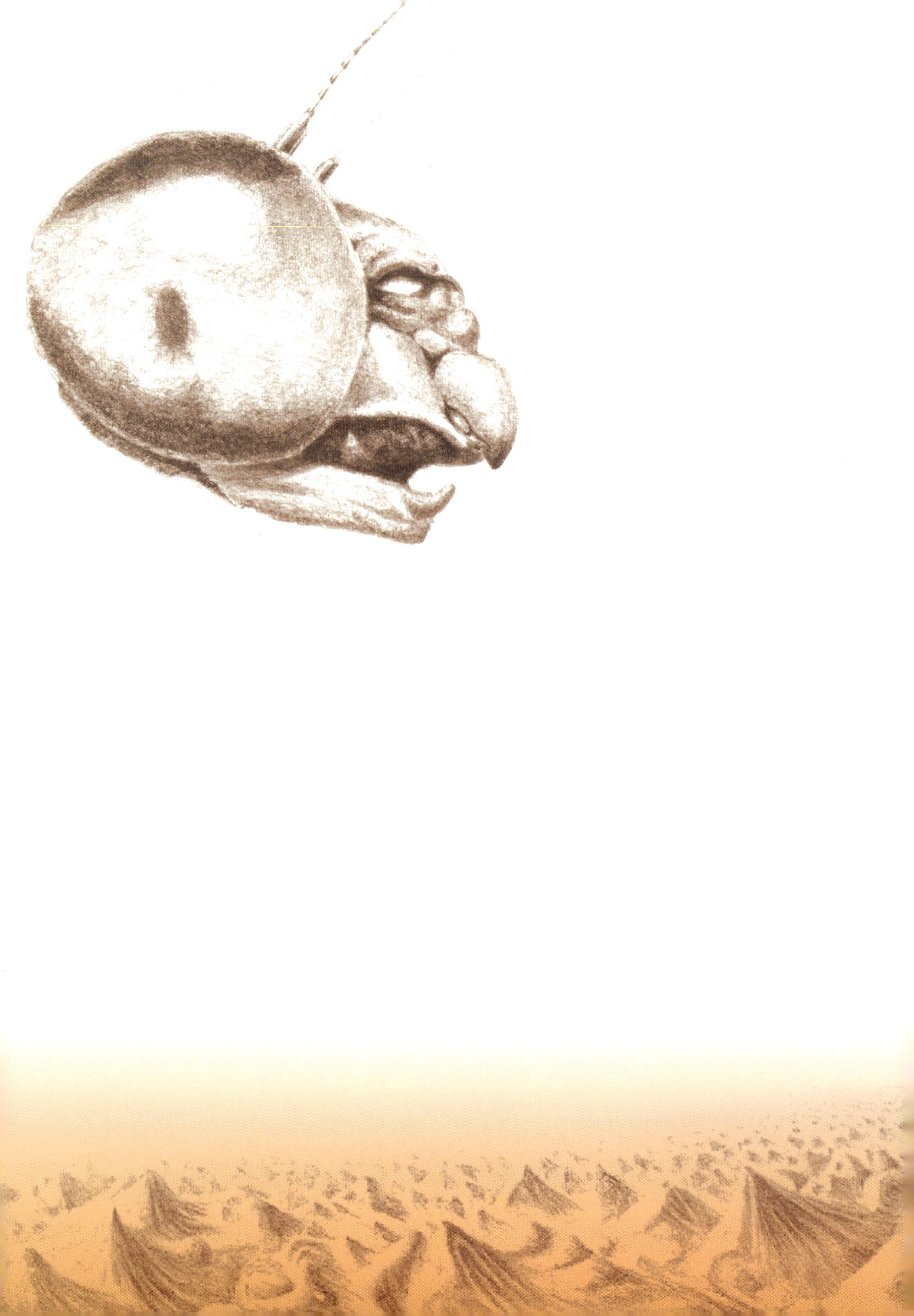

Rob de Góes

Os Duendes de Seis Patas e a Cidade Mutante

*O lado mágico da natureza
na São Paulo dos anos 50*

FOTOS E ILUSTRAÇÕES DO AUTOR

GERAÇÃO
EDITORIAL

**OS DUENDES DE SEIS
PATAS E A CIDADE MUTANTE**
O Lado Mágico da Natureza na São Paulo dos Anos 50

Copyright © 2004 by Rob de Góes
Copyright das fotos e ilustrações © Rob de Góes

1ª edição – Agosto de 2004

Editor & Publisher
Luiz Fernando Emediato

Diretor Editorial
Jiro Takahashi

Capa
Silvana Mattievich

Projeto Gráfico
Alan Maia

Revisão
Rinaldo Milesi

Dados Internacionais para Catalogação na Publicação (CIP)
Câmara Brasileira do Livro, SP, Brasil

Góes, Rob de
  Os duendes de seis patas e a cidade mutante ;
  o lado mágico da natureza na São Paulo dos anos 50
  / Rob de Góes ; Fotos e ilustrações do autor.
  – São Paulo, Geração Editorial, 2004.

ISBN: 85-7509-106-9

1. Góes, Rob de 2. Insetos – biologia e ecologia
3. Memórias autobiográficas I. Título. II. Título : A cidade mutante.

04-1424   CDD-729

Índices para Catálogo Sistemático

1. Urbanismo : Conservação das belezas naturais   729

Todos os direitos reservados
GERAÇÃO DE COMUNICAÇÃO INTEGRADA COMERCIAL LTDA.
Rua Professor João Arruda, 285 – 05012-000 – São Paulo – SP – Brasil
Tel.: (11) 3872-0984 – Fax: (11) 3871-5777

Geração na Internet
www.geracaobooks.com.br
geracao@geracaobooks.com.br

2004
Impresso no Brasil
Printed in Brazil

Para meus pais,
Lisy e Gilberto

Agradecimentos

Pelo apoio e entusiasmo para com o projeto de repovoar o Panamby com borboletas e plantas nativas, Paulo Nassar, Sérgio Duarte, Fátima Turci (Hill & Knowlton), Carlos Alberto Jacobi (Bunge & Born), José Maria Simões, Francisco Sanz Steban, Plínio Tavares de Carvalho, José Carlos Issa Dip e Sérgio Poletto (Panamby).

Pela coragem de me ajudar a caçar insetos com uma rede de filó, desafiando a opinião pública, Paulo Sérgio Moretzsohn, Cláudio Roberto Hirscheimmer, Reinaldo Sanches de Carvalho Braga, Antonio Carlos de Almeida Prado, Edson Longo Raimo, Ricardo Aprá, Miguel Gustavo Flusser, Léo Ramoa Arlé e, principalmente, a Luís Hime de Linhares, por ter invadido uma agência bancária, em Macaé, RJ, trajando uma sunga de banhista e empunhando uma rede de filó, para pegar a borboleta-coruja mostrada nas páginas 23 e 153.

Um especial agradecimento ao jornalista Maurício Kubrusli, por sua inestimável participação no episódio narrado como "Ritual do Entardecer" (pg. 21), que foi a chave para a criação deste livro.

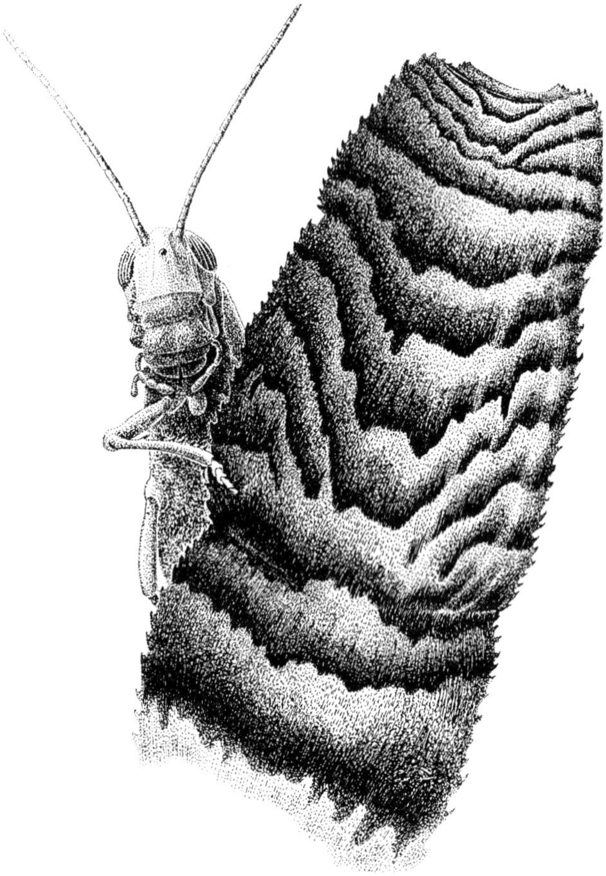

Sumário

Advertências 11
Introdução 15
    Algumas características dos seres encantados e que
    também são próprias dos *duendes de seis patas*
A cidade mutante 18

Primeiro Capítulo
Fase embrionária, 21

Ritual no entardecer 23
Lagartas gigantes 27
A árvore das cabeças decepadas 31
Besouro furta-cor 35
Gafanhoto gigante 42

Segundo Capítulo
Fase de lagarta, 47

Bicho-patético 48
Escarabídeo "fanaêus" 52
Divina e diabólica 57
Troféus de seis patas 60
Super-herói barbudo 73
Poção mágica 76
Noiva invisível 81
Fechaduras voadoras 97

Terceiro Capítulo
Fase de crisálida, 103

Caçador de serpentes 105
Borbogarta 109
Perigo fantasma 114
Ovo enganador 115
Caçador de imagens 118
Venenos perfumados 121
Matagal Super Market 129
Bandeirinhas voadoras 132

Quarto Capítulo
Fase de adulto, 137

7h15 – O dia seguinte 139
9h15 – Três reis e uma princesa 139
9h20 – Quase uma "Missão Impossível" 141
18h00 – Um exorcista ao cair da tarde 142
18h05 – Misteriosa chuva seca 143
18h10 – Um viajante do tempo 144
18h15 – O berçário das borboletas 145
18h20 – A pirâmide invisível 148
18h35 – A planta-planeta 151
19h00 – A arte zen de soltar borboletas 152

Epílogo
A hora de voar, 157

Primavera de 1998: Um feitiço inesperado 159
Nomes populares dos insetos 165
Onde se alimentam as lagartas das borboletas e das mariposas 169
Sobre o autor 173

Advertências

Todos os insetos mostrados neste livro foram coletados na cidade de São Paulo e arredores, mas a maioria deles (com bem pequenas variações de colorido e tamanho) pode ser encontrada em muitas partes do Brasil, principalmente nos outros estados da Região Sudeste (Rio de Janeiro, Minas Gerais, Espírito Santo).

Nomes populares
Aparecem com a mesma grafia do texto corrido. Uma lista de nomes populares "oficiais" é fornecida na página 165.

Nomes de insetos criados pelo autor quando criança
Aparecem grafados em itálico.

Ao contrário do que ocorria na Europa e nos Estados Unidos, aqui no Brasil quase não se editavam livros sobre insetos para o público leigo. Alguns nomes populares apareciam em compêndios de Agricultura e serviam para identificar os que eram pragas das plantas cultivadas. Por isso, o autor criava a sua própria maneira de dar nomes aos bichos, para poder se comunicar com os pais e com os amigos que o ajudavam nas caçadas aos insetos.

Nomes científicos
Todos os insetos foram identificados pelo autor deste livro e seus nomes científicos estão grafados em itálico.

Obs.: modificações nas classificações dos insetos acontecem continuamente, mesmo assim, os nomes científicos citados neste trabalho servem de referência segura para qualquer eventual atualização.

Fotografias coloridas dos insetos
Os insetos apresentados neste trabalho são uma pequena amostra de tudo o que o autor andou coletando em São Paulo durante a década

de cinqüenta. Sua coleção de insetos poderia ser considerada bem modesta, mas, assim mesmo, chegou a contar com aproximadamente cinco mil espécies.

O destaque dado às borboletas é, de acordo com o autor, devido à possibilidade de um futuro repovoamento da cidade com um grande número de suas espécies já ausentes. A fauna de borboletas de São Paulo e arredores é muitíssimo mais rica do que a apresentada nas páginas seguintes.

As dimensões de cada inseto são indicadas pelo comprimento (besouros, percevejos) ou pela envergadura das asas (borboletas). O comprimento de uma das asas é obtido, medindo-se a distância da base ao ápice da asa anterior. A envergadura (E) é a soma dos comprimentos das duas asas anteriores (A+B) como é mostrado abaixo.

Obs: As dimensões podem variar bastante em cada espécie de inseto. Entre as borboletas, as fêmeas costumam ser maiores e entre os besouros acontece o contrário. Uma espécie qualquer pode apresentar tamanhos maiores ou menores em diferentes lugares de sua distribuição geográfica.

Cartas

As cartas que aparecem nas páginas de abertura dos capítulos representam os episódios que ganharam maior destaque. Cada carta leva o nome do caso correspondente.

Microscopia eletrônica

Os fragmentos fotográficos que o autor utilizou artisticamente para compor a "paisagem microscópica" do corpo da abelha foram produzidos pelos engenheiros José Passos de Carvalho e Manuela Rodrigues Branco.

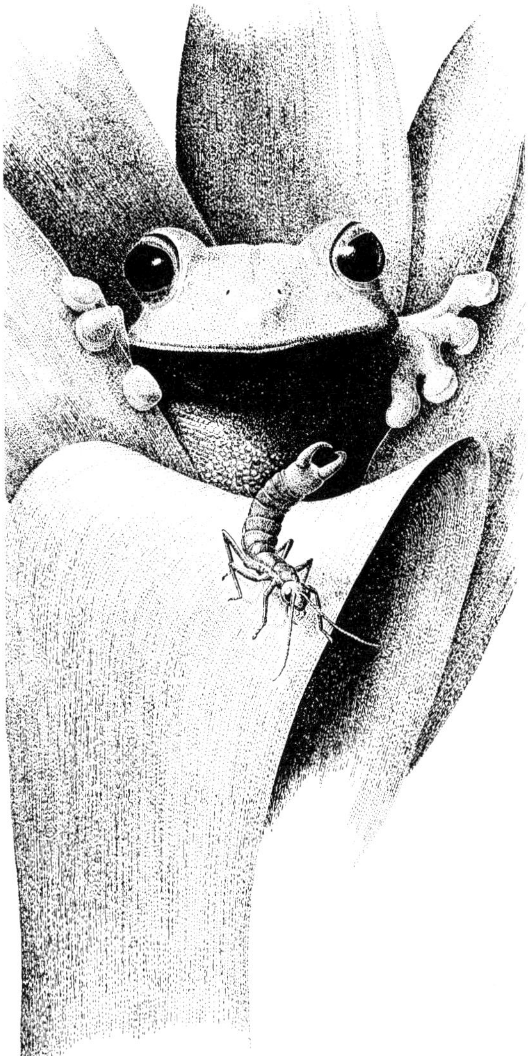

INTRODUÇÃO

O que parecia ser um estranho ritual, praticado ao entardecer, despertou a curiosidade de um repórter. Motivado pelo episódio, ele me formulou uma pergunta tão interessante quanto difícil. Mas a solução deveria ser encontrada até o entardecer do dia seguinte, pois a intenção do profissional era a de usá-la como ponto de partida para uma volumosa matéria jornalística.

Para resolver a questão, dentro daquele prazo, eu teria que reavaliar uma série de fatos curiosos, dispersos num embaralhado de recordações. Transformei-me, assim, no participante exclusivo de um tumultuado jogo de memória e essa experiência me conduziu a uma incrível descoberta: pequenos seres de seis patas que podiam viver à nossa volta, perambulando pelos jardins, eram dotados de uma poderosa magia, tal como os fantásticos duendes, pois compartilhavam com estes um certo número de interessantes características*:

I – Não pensavam e não sentiam como os humanos;

II – Eram dotados de poderes incompreensíveis para a maioria das pessoas e erradamente julgados como criaturas hostis;

III – Nossas experiências pessoais, com eles, poderiam ser as mais variadas possíveis. Alguns, proporcionavam riquezas e prazeres para os hu-

---

O autor consultou a obra intitulada "Faeries" de Brian Found & Alan Lee, dois renomados especialistas ingleses em matéria de duendes e de outros seres encantados.

manos, outros se encarregavam de espalhar a fome, as doenças, a miséria e a morte;

IV – Radicais modificações de aparência conseguiam transformá-los, de asquerosos ou assustadores, em seres de rara beleza;

V – Chegavam a assumir aspectos muito estranhos, a ponto de superar nossa imaginação;

VI – Havia uma energia fluindo constantemente através de seus corpos. Essa energia, às vezes, retirava-lhes um revestimento peludo e presenteava-lhes com asas de cores brilhantes;

VII – Habitavam as florestas, rastejavam entre os líquens, despontavam inesperadamente nas clareiras, vagueavam através dos campos e instalavam-se em nossos jardins. Às vezes, invadiam nossas casas à noite e causavam grandes rebuliços;

VIII – Muitos deles pareciam ter os corpos envolvidos por musgos ou folhas caídas;

IX – Alguns irradiavam uma luzinha bruxuleante;

X – Possuíam um incrível poder, capaz de escravizar-nos de modo irremediável com seus encantos.

Essas características me revelaram as curiosas semelhanças entre criaturas um tanto diferentes entre si, mas igualmente maravilhosas. Uma parte delas pertencia ao mundo dos seres encantados e dos duendes, entidades que povoavam a imaginação dos humanos. A outra era formada pelo conjunto de animaizinhos aos quais nos habituáramos a chamar de insetos, mas que acabaram de ser apresentados, aqui, como se fossem pequenos duendes... de seis patas.

Não é nada fácil perceber essa identidade oculta nos insetos. Para alcançar e vivenciar o mundo dos duendes de seis patas é preciso saber equilibrar-se na finíssima linha divisória que separa os domínios do conhecimento, do império da fantasia. É uma trilha onde Arte e Ciência caminham de mãos dadas e criam os mais inesperados desafios para quem as acompanha no mesmo rumo. Para mim, essa experiência não foi nem um pouco ruim. Ela me permitiu enxergar certos fatos de maneira inteiramente nova e muito mais divertida. Por exemplo: descobri que, de tanto conviver com insetos, eu havia sofrido uma seqüência de transformações, semelhantes às metamorfoses de alguns deles.

Sei que essa estranha comparação pode soar como uma bobagem. Afinal, as metamorfoses de um grande número de insetos têm seu ponto de partida em microscópicos embriões, escondidos em ovos, depois nascem as lagartas que se transformam em crisálidas ou pupas e, mais tarde, em animais adultos.

No meu caso, a metamorfose foi conduzida por radicais mudanças de comportamento. Ela começou com uma fase repleta de molecagens, envolvendo insetos e plantas em brincadeiras de fundo de quintal. Eram brincadeiras que não se pareciam, nem de longe, com as atividades de alguém interessado em Botânica ou Zoologia. Diante de todas as etapas pelas quais eu ainda iria passar, aquelas estripulias infantis não representavam nada além de uma "fase embrionária". Eram brincadeiras quase sempre censuráveis e, por isso, realizadas secretamente. Assim, a primeira fase da minha metamorfose de comportamento transcorreu parcialmente às escondidas, como se eu estivesse agindo sob a proteção da casca de um ovo.

Aí veio a "fase de lagarta".

Antes de completar dez anos, tornei-me um caçador e colecionador de insetos, um obcecado pelo crescimento constante da minha coleção. Em outras palavras, eu padecia de uma "fome" insaciável de pegar bichinhos de seis patas, de encher caixas e mais caixas com espécimes de todos os tipos e tamanhos.

Portanto, esse período pode ser visto como uma "fase de lagarta", quando a atividade mais marcante do animal é a de ficar ingerindo alimentos e aumentando de tamanho.

O estágio seguinte foi construído com muito estudo, acompanhado por importantes substituições de valores, fatos que quase não eram notados enquanto estavam se processando. Esse estágio faz lembrar a "fase de crisálida" de alguns insetos, uma etapa marcada por profundas transformações internas e que não podem ser percebidas exteriormente.

Muitos anos depois, os conhecimentos adquiridos nessa "fase de crisálida" viabilizaram as minhas atividades profissionais durante a "fase de adulto".

E então? Continuam parecendo muito forçadas as imagens de lagarta, crisálida e metamorfose?

A CIDADE MUTANTE

Fiquei muito surpreso quando percebi que a minha própria cidade também estava sujeita a uma metamorfose ligeiramente insetóide. Afinal, havia sido com aquela voracidade típica das lagartas que ela engolira o verde da natureza, ao seu redor, e crescera de uma maneira absurda.

Novamente uma visão distorcida? Pois bem, quando observada de um avião, essa metrópole parece um gigantesco manto cinzento, crispado de prédios e de antenas. Visto lá do alto, seu impressionante cenário urbano guarda uma certa semelhança com uma pele enrugada, enrijecida e retalhada por uma sucessão interminável de ruas e de construções. Sobre essa grande casca esparramada, a violência dos habitantes, os desequilíbrios sociais, a poluição ambiental e o caos no trânsito foram se instalando aos poucos. São fatos que refletem, muito bem, as inúmeras mudanças de pele ocorridas durante o crescimento monstruoso da lagartona cinzenta.

Essa curiosa *cidade mutante* já havia sido apelidada de "A Chicago sul-americana" na década de trinta. Um pouco mais tarde, em 1954, ela completou seu quarto centenário abrigando três milhões de pessoas e com o slogan de "a cidade que mais cresce no mundo". Na época, a lagartona cinzenta já estava contaminada por uma *febre das construções* e seu crescimento logo ficaria fora de controle.

Tive o privilégio de acompanhar uma boa parte do desenvolvimento da *cidade mutante*. Senti de perto o calor gerado por aquela *febre* porque meu pai era um arquiteto recém-formado, em 1947, quando trouxe minha mãe e eu para cá; quando trocou a cidade do Rio de Janeiro por São Paulo para ajudar a *lagarta cinzenta* a ficar cada vez maior.

Vi o verde sumir e o horizonte desaparecer, aos poucos, por mais de cinqüenta anos. Agora, bem no início do século XXI, o município de São Paulo é assustadoramente grande. Acho que os atuais dez milhões de habitantes logo irão presenciar uma freada no crescimento da metrópole e uma preparação para uma fase mais "adulta". Aliás, o crescente surto de preocupações ambientais, que vem sacudindo os moradores da *cidade mutante* já pode ser um sintoma de uma iminente fase de "crisálida".

RITUAL NO ENTARDECER

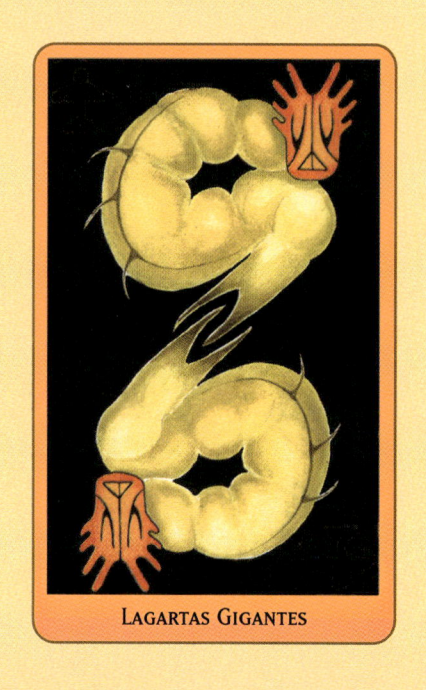

LAGARTAS GIGANTES

A ÁRVORE DAS CABEÇAS DECEPADAS

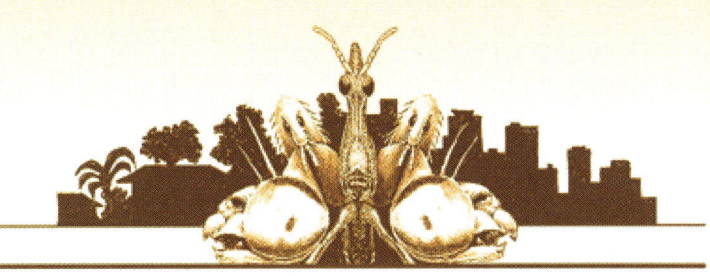

PRIMEIRO CAPÍTULO

Fase embrionária

Recordações de um período repleto de molecagens, com brincadeiras de fundo de quintal, envolvendo bichos e plantas. Não são atividades de alguém interessado em Botânica ou Zoologia, mas representam algo como uma "fase embrionária" para o que acontecerá mais tarde.

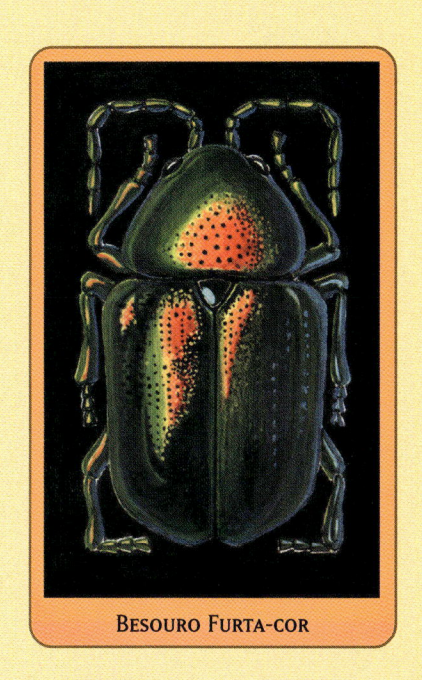

Besouro Furta-cor

Gafanhoto Gigante

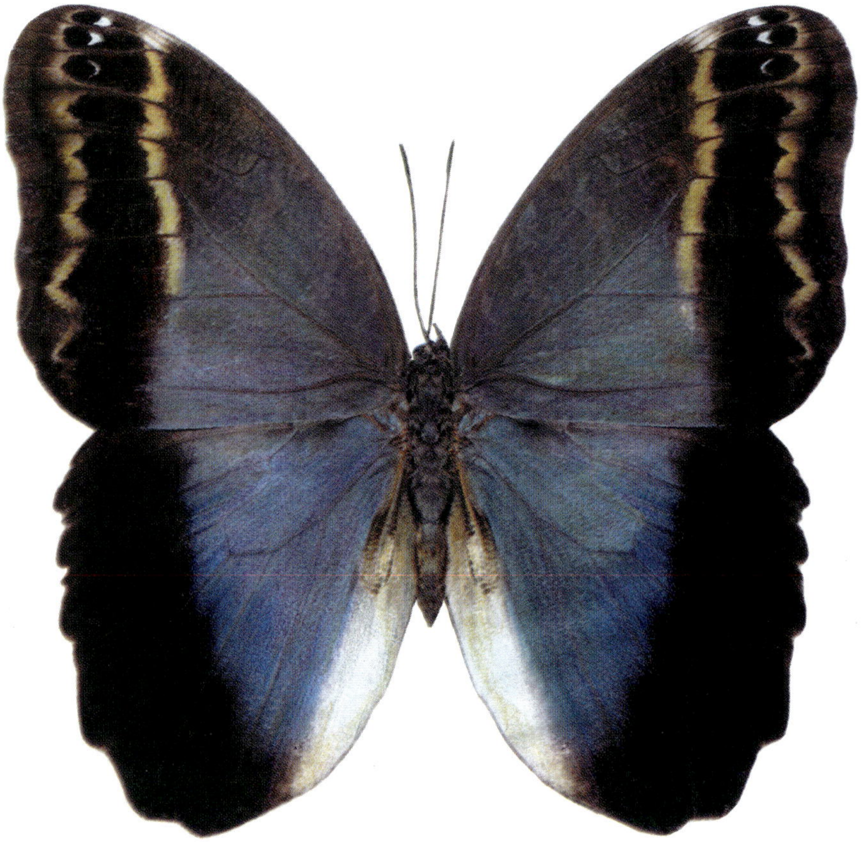

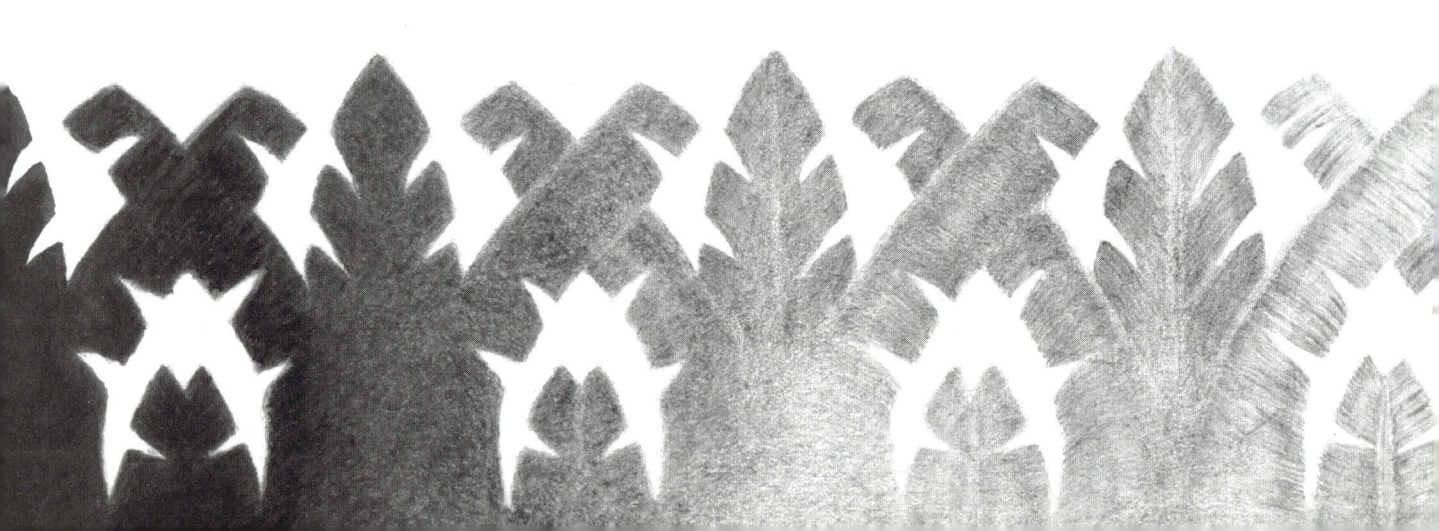

Ritual no entardecer

Todos me chamavam de professor, mesmo sabendo que eu não estava entre eles para ensinar. Na verdade, poucos conseguiam entender a verdadeira finalidade do meu trabalho e ninguém sequer suspeitava de minhas profundas ligações com o mundo encantado das criaturas de seis patas.

Durante alguns meses do ano, meu comportamento chegava a causar espanto e alguns poderiam me ver como um praticante de algum ritual. Tudo acontecia num curto espaço de tempo, compreendido entre o final do entardecer e o cair da noite, num momento de transição que os franceses denominaram "a hora entre o cão e o lobo". Minutos antes do pôr-do-sol, acostumara-me a caminhar em direção a um bananal e estacar diante das primeiras plantas. Num rápido movimento, erguia os braços e deixava sair por entre os dedos um bando de enormes borboletas, lançando-as para o alto. A façanha era repetida por umas dez vezes antes que anoitecesse. Depois de flutuarem agrupadas entre a luz e as sombras, aquelas voadoras do crepúsculo desapareciam entre a vegetação, parecendo carregar na superfície azulada de suas asas um pouco do que ainda restava da cor do céu.

Desligando-me de quase tudo que pudesse acontecer ao redor, eu permanecia contemplando a debandada das borboletas e surpreendia-me quando algum fato conseguia interromper minha paz de espírito, como sucedeu numa daquelas tardes.

– Professor! – alguém exclamou, logo atrás de mim.

A barba cerrada e um par de sobrancelhas espessas criavam uma presença marcante para o homem de baixa estatura que, silenciosamente, aproximara-se em meio à penumbra.

— Sim! – respondi, encarando-o com surpresa.

— Meu nome é Kubrusli. Maurício Kubrusli. Eu tinha uma hora marcada para entrevistá-lo, mas... parece que cheguei tarde demais, não é?

— Infelizmente, sim – concordei – aliás, já estou de saída. Mas, a partir de amanhã... qualquer outro dia que você puder...

A entrevista ficou adiada para o dia seguinte, depois do expediente. O jornalista parecia muito satisfeito com a solução, mas continuava me encarando com um olhar curioso, parcialmente filtrado pelas grossas sobrancelhas.

— Só mais uma pergunta – arriscou ele. – O senhor costuma fazer isso sempre?

— Isso o quê, Kubrusli? Soltar borboletas?

— Isso mesmo!

— Sim, toda a vez que acho conveniente. É o meu trabalho.

— Professor, nunca imaginei que alguém fosse...

— Fosse pago para soltar borboletas? – perguntei de surpresa.

— Bem, o senhor foi contratado...

— Para fazer exatamente isso, Kubrusli. – arrematei, sem dar-lhe chance de concluir.

— E... por que aqui no bananal, professor? Imagino que seja por algum motivo muito especial.

— Especial e fácil de entender – respondi. Essas duas espécies de *borboletas-coruja*[1] que eu crio vão ficar desovando por aqui. As folhas de bananeira são o alimento para suas lagartas.

— E qual a razão de soltá-las neste horário?

— Agora e durante o amanhecer é quando elas melhor se defendem dos predadores. Mas também é quando mais facilmente identificam os parceiros para o acasalamento e localizam o ponto certo para desovar.

— Humm... como se tentassem aproveitar a vida com uma asa mergulhada no começo do dia e a outra no começo da noite?

— Exatamente. E, por coincidência, o dorso das asas tem aquele típico azul acinzentado de um sanhaço – um pássaro diurno. Mas, do outro lado das asas... Acredite, já vi muita gente se espantar com as duas enormes manchas circulares que o bicho tem nas asas de trás. É como se os olhos de uma corujona noturna estivessem fixados em você.

— Incrível! Mas quem vê tudo isso, de longe, pensa até em misticismo. Seus gestos parecem fazer parte de um ritual. Não para mim, é

1 *Caligo eurilochus*
Envergadura: *12* cm
Lado inferior das asas. Uma das espécies de borboletas-coruja criadas na chácara.

claro! Eu acompanhei tudo o que o senhor fez. Primeiro, saiu daquele enorme viveiro de borboletas com oito delas presas entre os dedos. Depois, parou diante do bananal e jogou-as para o alto. Aliás, também vi como elas foram retiradas do viveiro. Foi demais! Justo com uma rede de caçar borboletas!

– Muito bem. E daí? – perguntei, sem entender aonde o jornalista pretendia chegar.

– É que o senhor usa a rede de caçar borboletas... ao contrário! Nas suas mãos, ela está servindo para – soltar – borboletas. O senhor nunca usou a rede como um...

– Caçador de insetos? – adiantei-me novamente. – Claro que sim, Kubrusli. Durante muitos anos fui um colecionador de insetos. Cansei de matar e espetar centenas de borboletas dentro de pequenas caixas-vitrine com tampas de vidro.

– Só pelo prazer de colecionar. – concluiu o repórter.

– De início, sim – expliquei. Depois passei a estudar os insetos, até mesmo para combater uma porção deles. Agora, como você pode ver, estou protegendo essas lagartas de um perigosíssimo time de predadores, animais que vivem por aqui, do lado de fora do viveiro.

— Bem, o senhor já foi caçador de insetos, já matou e colecionou essa bicharada toda, estudou as melhores maneiras de destruí-los nas plantações... É por isso mesmo que gostaria de saber – como e quando – aconteceu uma transformação tão radical como essa: de um caçador/colecionador, isto é, de um típico eliminador desse tipo de bichos, para um... protetor... um... lançador de borboletas!

A curiosidade de Kubrusli era compreensível e certamente não lhe interessava nenhuma daquelas habituais declarações sobre conscientização ecológica ou preocupações com a preservação da fauna. Seu faro jornalístico o colocara na trilha de um gancho, isto é, de uma boa oportunidade para produzir um texto inédito sobre as particularidades do meu relacionamento com os insetos. No entanto, concluí que seria difícil resumir a minha resposta. Preferi fugir do assunto.

— Humm... acho que a explicação pode ser um pouco longa.

— Tudo bem. Mas, se possível, gostaria que o senhor me apresentasse, até amanhã de tarde, um resumo dessa notável mudança de atitude. Olhe, isso vai ser super importante para o artigo que vou escrever sobre o seu trabalho. Afinal, estamos falando de insetos e o que lhe aconteceu foi algo assim como uma... "metamorfose" e tanto, não é?

— Certo – respondi, divertindo-me com o seu senso de humor.

— Aliás, Kubrusli, já havia pensado nisso, mas foi ótimo você confirmar minhas suspeitas. É claro, depois de quarenta anos de convívio intenso, acabei tendo algo em comum com os insetos – acrescentei brincando.

Desta vez, a reação do repórter não foi bem a que eu esperava. Tive a nítida impressão de que o homem me olhava, de alto a baixo, como se procurasse ansiosamente algum tipo de antena, uma asinha ou talvez os contornos de qualquer outro órgão insetóide disfarçado sob minhas roupas. Mas, felizmente, ele logo voltou a se concentrar no trabalho.

— Ah! Outra coisa, professor. Procure, até amanhã, uma maneira bem resumida de me explicar por que uma cidade como São Paulo perdeu, segundo me informaram, a maior parte de suas borboletas.

— Ora, Kubrusli, porque a cidade também mergulhou numa colossal metamorfose!

— Uma metamorfose urbana, não é?

— Claro. E você já sabe que esta chácara, daqui a uns dois ou três anos, vai estar cheia de prédios e recortada por avenidas. Isso não prova a nossa constante metamorfose urbana? Vivemos numa *cidade mutante*, meu caro.

O diálogo terminou por aí. Despedi-me, coloquei minhas coisas no jipe e saí dirigindo pelas estradas de terra que já haviam começado a retalhar as matas sombrias da antiga chácara. Sem a capota de lona e com o pára-brisa abaixado sobre o capô, logo passei a experimentar a transição desagradavelmente brusca entre o ambiente florestal, que ia ficando para trás, e o trânsito infernal de São Paulo. Um trânsito que eu começava a enfrentar no pior momento.

Quando percebi que já havia passado mais de meia hora e ainda me encontrava muito longe de casa, decidi cair fora do engarrafamento. Sair do ponto onde estava detido não foi nada difícil. Com um rápido giro do volante desci por uma curva em cotovelo, deixando o jipe escorregar suavemente para uma via tranqüila com nome de flor: Avenida das Amarílis.

Do local onde estacionei não se enxergava nenhum pé de Amarílis que justificasse o nome da placa. Via-se, apenas, algumas extensões de grama, uma seqüência de casarões fartamente ajardinados e pequenos grupos de palmeiras. Mas era o suficiente para transformar aquele recanto num verdadeiro oásis, comparando-se com o inferno de onde eu havia saído.

Lagartas gigantes

Em questão de segundos o ruído abafado do trânsito já me parecia muito distante e o ar tornara-se novamente respirável.

Recostando-me no assento do jipe estiquei as pernas e contemplei o céu-estrelado. Senti uma enorme tranqüilidade com a companhia de um cachimbo e passei a meditar sobre aquela admirável e, ao mesmo tempo, intrigante pergunta do repórter: como se processara a "metamorfose" de um caçador-colecionador de insetos num lançador de borboletas, uma transformação tão radical que o levara a usar sua rede de captura – ao contrário?

Aos poucos, fui reunindo algumas lembranças de antigos acontecimentos. De início, não passavam de simples recordações embaralhadas. No entanto, já mostravam a estranha propriedade de construir inesperadas figuras em minha mente.

Muito tempo depois, descobri que poderia desenhar aquelas figuras em pedaços de papel e dispô-las nas mais variadas seqüências. Acabei criando um divertido jogo de memória. Notei que esse artifício me transportava para as mais dispersas regiões do meu passado e estabelecia ligações entre fatos que me pareciam isolados. Passei a utilizar os papéis como se fossem cartas avulsas de um baralho esquecido e o resultado obtido foi muito mais interessante do que eu jamais poderia esperar. Por isso, achei apropriado chamá-las de *cartas – recordação*.

Na primeira carta* desenhei duas figuras de lagartas que estavam relacionadas a um certo avião de combate, um bombardeiro de fabricação americana que havia participado da Segunda Guerra Mundial e, anos depois, acabara sendo absorvido pela nossa Força Aérea.

Lembrei-me de estar conduzindo o bombardeiro, em vôo rasante, sobre uma sucessão quase interminável de colinas pontiagudas, enquanto cruzava uma estranha região desértica. Deslizando dentro daquele cenário tão monótono e cinzento como a superfície lunar, não me incomodava que seus picos mais elevados estivessem passando bem perto da barriga do avião. Afinal, várias vezes havia voado por ali, sem nenhum problema. Meu grande temor se fixava na região seguinte. Ao deixar a terra das colinas pontudas, passaria a navegar por cima de uma selva sombria e quase impenetrável, o território onde lendas e tragédias perdiam-se dentro de um ambiente infestado de perigos. Lá em baixo, suas florestas escuras ocultavam um pesadelo com a forma de um ser humano na figura ameaçadora do selvagem caçador de cabeças.

Eu já experimentara, bem de perto, o terror causado por seus abomináveis troféus de guerra. Voando baixo sobre as aldeias eu havia enxergado, e com muita nitidez, as horríveis fileiras de crânios que os selvagens espetavam no alto das longas estacas de madeira, bem diante de suas habitações. Os cabelos compridos das vítimas ondulavam ao vento, deixando ver sua

*Ver página 20

pele murcha e esverdeada onde apenas os lábios inchados, e com uma cor amarelo-pálida, ainda compunham algo parecido com um rosto.

Um grande alívio tomou conta de mim quando consegui ultrapassar aquele território e pude localizar, mais a frente, o objetivo da minha missão. Isolada no meio de uma planície, surgia uma silhueta majestosa: a cratera escarpada de um vulcão extinto. Dentro dela eu deveria lançar várias bombas incendiárias. Não se tratava de uma operação de guerra, pois o local servia de abrigo para uma misteriosa população de lagartas gigantes. Mesmo assim, sem temer o perigo de um combate, eu podia esperar por alguns riscos quando mergulhasse o aparelho entre as paredes da cratera e atingisse seu grande vale circular com minha carga incendiária. Em questão de segundos tudo se transformaria num mar de chamas.

Assim que soltei as primeiras bombas, uma das explosões deixou o aparelho completamente envolvido pelo incêndio e senti que minha mão direita havia sido atingida por uma labareda. Sem perder tempo, tratei de ganhar altura e, já em segurança, passei a observar os efeitos devastadores daquela primeira investida. Notei que a vegetação em torno da cratera, um tanto seca, havia sido alcançada pelo incêndio e o fogo ameaçava alastrar-se em todas as direções.

Poderia ter acontecido um desastre de grandes proporções, mas em poucos instantes uma chuva colossal desceu como uma cortina sobre toda a extensão da queimada. O volume de água foi tão grande que começou a vazar por algumas frestas da cratera. Os gigantescos corpos carbonizados das lagartas, carregados pela enxurrada, espalharam-se por toda a planície circundante.

Lá do alto, controlando o avião com apenas uma das mãos, eu acompanhava o desenrolar dos acontecimentos sem perceber que, aos meus pés, tudo se transformava num imenso mar de lama. Foi então que uma voz providencial ressoou em meus ouvidos apontando-me a melhor maneira de interromper a inundação.

– Robeeerto! – gritou minha mãe – desliga a água dessa mangueira e pára de fazer lama junto às roupas que estão secando!

Muito contrariado, guardei meu modelo de bombardeiro no bolso da camisa, desliguei a torneira e comecei a enrolar a mangueira para não enfrentar uma bronca, ainda pior, da parte de meu pai.

Terminava assim, prejudicado em seu momento mais emocionante, outro episódio das minhas incompreendidas aventuras de fundo de quintal. Mas nem tudo havia sido fruto de uma descontrolada imaginação de criança. Eu realmente acabara de chamuscar o dedinho da mão direita, depois de haver tostado um amontoado de gigantescas lagartas de borboletas. Eram bichos assustadores que mediam quase quinze centímetros de comprimento. Seus corpos terminavam em pontas compridas, acessórios que me faziam lembrar das perigosas caudas dos escorpiões.

Aquelas lagartas infestavam as bananeiras da casa ao lado. De vez em quando, elas resolviam ultrapassar o muro e invadir o nosso jardim. Quando isso acontecia, encarregava-me de destruí-las da mesma maneira que o vizinho: queimando-as. Mas a simples eliminação das intrusas não me satisfaria por completo se não ganhasse um toque fantasioso, aliado a uma perdoável crueldade infantil.

As lagartas eram jogadas sobre um amontoado de folhas secas, dentro de um buraco raso e com apenas dois palmos de diâmetro. Depois de embebidas em álcool, debatiam-se nervosamente e, em vão, tentavam escalar as bordas da pequena "cratera". Sua agonia não durava muito. No extremo oposto do quintal, a uns cinqüenta metros de distância, eu já estava preparando meu pequeno avião de combate para decolar, abastecendo-o com dois ou três fósforos de cozinha. Em seguida, passava a conduzi-lo com as asas paralelas ao comprido muro de cimento encrespado, rente a uma paisagem imaginária de "colinas pontiagudas", sustentado-o entre o polegar e o indicador.

O plano vertical do muro parecia estabelecer uma nova linha do horizonte, enquanto eu caminhasse junto a ele com a cabeça tombada para o lado oposto. A posição podia ser incômoda, mas era assim que eu acompanhava, de perto, o vôo oblíquo do meu avião de brinquedo e imaginava as emoções de uma aventura aérea, tentando esquecer que havia transformado a superfície espinhenta do cimento chapiscado, num solo falso, numa paisagem de sonho emparedada entre o céu e o chão.

Para alcançar a "cratera" e lançar os fósforos acesos sobre as lagartas agonizantes, eu tirava o avião de seu vôo rasante sobre o muro e ultrapassava um canteiro entulhado de plantas, onde se misturavam lírios, antúrios e begônias. Muito embora meus pais não tivessem o menor conhecimento disso, aquele recanto ocultava a morada sinistra dos caçadores de cabeças.

O canteiro dos antúrios não se parecia – exatamente – com a miniatura de uma selva, mas escondia em seu interior uma considerável população de minhocas, tatuzinhos e outros bichos de jardim. Quando descobri que ali também se refugiavam seres mais perigosos, como aranhas e lacraias, o recanto me pareceu um cenário ideal para uma atemorizante aldeia de caçadores de cabeças, construída com palitos de cozinha.

Aliás, meus pais também não suspeitavam do verdadeiro pavor que me atormentava depois de haver folheado um de seus livros preferidos: "*Les chasseurs de têtes de l'Amazone*" (*Os caçadores de cabeças da Amazônia*). Era uma rara e já envelhecida edição de 1929. Eu pouco entendia do texto, em francês, mas ficava estarrecido diante das fotos de cabeças decepadas e estranhamente encolhidas, graças a um processo misterioso guardado como um grande segredo entre os selvagens. Os detalhes que mais chamavam a minha atenção eram os beiços inchados. Firmemente costurados, um contra o outro, os lábios permaneciam atados ao trançado de um comprido cordame que pendia no vazio, emoldurado pelos longos cabelos lisos.

As fotografias do livro eram um tanto escuras e não estavam bem impressas. Por isso, eu imaginava que as cabeças mumificadas haviam pertencido a uma tribo de negros, localizada em alguma região remota da Amazônia. De qualquer forma, aquela pequena aventura de fundo de quintal deveria me ajudar a superar os temores causados pelo livro.

Por muitos anos, tentei me recordar do colorido exato de uma lagarta gigante, ora ele me parecia de um castanho esverdeado, ora levemente amarelado. A carta-recordação mostra o que a minha memória havia gravado com mais nitidez, isto é, os agudos esporões da cauda do animal e também a linha escura que lhe percorria o dorso, ao longo da qual despontavam alguns espinhos negros.

Para reproduzir a forma e os desenhos da cabeça também não tive dúvidas, pois eu os havia registrado num bloco de notas.

A ÁRVORE DAS CABEÇAS DECEPADAS

A brincadeira dos caçadores de cabeças podia ser realizada com bastante capricho, graças a minha especial "fornecedora de cabeças em miniatura" e que tinha um belo nome científico: *Euphorbia pulcherrima*, um arbusto ornamental mais conhecido como flor-de-papagaio ou poinsétia.

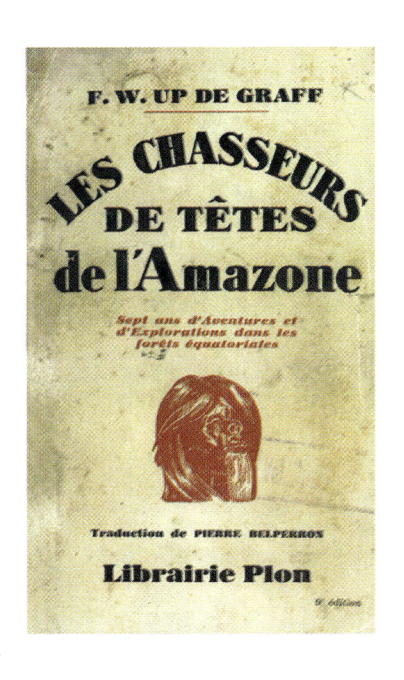

Como foram criadas as cartas-recordação

Antes de se tornarem ilustrações deste livro, todas as cartas-recordação não passavam de um amontoado de pequenos pedaços de papel, cada qual com um desenho relacionado a algum episódio. Foi esse artifício que permitiu a ordenação dos vários episódios que compõem a narrativa.

A "cabecinha em miniatura" que fazia parte de uma das mais significativas brincadeiras da minha infância também foi rabiscada num papelzinho, como se vê acima. Depois, ela foi desenhada de forma estilizada e reproduzida em série para criar a barra decorativa da carta. Na ilustração, ao lado, tentei reproduzir as imagens que motivavam a brincadeira dos "caçadores de cabeças" e também procurei dar uma idéia de como se processou a montagem da *carta-recordação* realizada agora, tantos anos depois.

O livro francês, que tanto me impressionava, é representado pelo seu frontispício original com o nome do autor: F.W. UP DE GRAFF.

Do lado esquerdo, criei a figura de uma cabeça mumificada, baseando-me nas fotos do livro. Depois, na parte inferior da longa cabeleira, desenhei uma sucessão de figuras, mostrando a ligeira semelhança entre os beiços inchados da múmia e os "beicinhos" da flor. Embaixo, vê-se a transformação gradual das flores da poinsétia em figurinhas estilizadas, até formarem a barra da carta.

A figura central da carta também é uma estilização, ela mostra duas "cabecinhas" espetadas em palitos e ornamentadas com alguns fios de palha de aço.

F. W. UP DE GRAFF

LES CHASSEURS DE TÊTES DE L'AMAZONE

SEPT ANS D'AVENTURES ET D'EXPLORATIONS
DANS LES FORÊTS VIERGES
DE L'AMÉRIQUE ÉQUATORIALE

TRADUIT DE L'ANGLAIS PAR
PIERRE BELPERRON

Avec vingt et une photographies hors texte et une carte

PARIS
LIBRAIRIE PLON
LES PETITS-FILS DE PLON ET NOURRIT
IMPRIMEURS-ÉDITEURS — 8, RUE GARANCIÈRE, 6ᵉ
—
Tous droits réservés

As pequenas flores da poinsétia pareciam-se vagamente com cabecinhas humanóides e brotavam circundadas por um leque de folhas vermelhas. Ainda que não contasse com nada semelhante a um nariz ou a um par de olhos, cada uma das flores era provida de rechonchudos "lábios amarelos". Na verdade, aquilo não passava de um minúsculo reservatório de néctar. Alguns milímetros mais para cima, havia um outro detalhe curioso. Ali, os órgãos reprodutivos da flor criavam pequenos tufos de "cabelos avermelhados" como se estivessem cortados à moda "escovinha".

Eu arrancava dezenas daquelas flores coloridas para espetá-las em pontas de palitos. Depois, as recobria com longas cabeleiras, isto é, com pequenos chumaços desfiados de palha-de-aço que faziam a vez de desajeitadas perucas. Por fim, a semelhança com uma cabeça mumificada ainda seria maior quando a flor começasse a murchar ao sol e perdesse a sua cor verde, tornando-se enrugada e escura como uma uva-passa.

Para completar o material bélico empregado naquelas brincadeiras, eu recolhia cuidadosamente as cápsulas que abrigavam as sementes da *Maria sem vergonha**. Quando maduras, as cápsulas estouravam com a mais leve pressão dos dedos, espalhando sementes em todas as direções. Aproveitando-me daquele fenômeno, eu transformava as pequenas embalagens de sementes em perigosas minas explosivas. Elas ficavam recobertas por uma finíssima camada de poeira para surpreender os caçadores de cabeças que, obrigatoriamente, iriam pisá-las.

Quase meia hora já havia se passado desde que eu estacionara o jipe na Avenida das Amarílis. Assim mesmo, as mais inesperadas lembranças continuavam a se formar em minha mente, transportando-me para a idade em que havia experimentado os primeiros contatos com os insetos. Tudo acontecera bem no meio de uma São Paulo que já começara a se transformar de uma maneira aceleradíssima.

Deixei de lado as lembranças quando notei que o fluxo do trânsito começava a melhorar. Guardei o cachimbo e liguei o motor do veículo para ir embora. Antes de abandonar a área, decidi percorrer os restantes quinhentos metros da Avenida das Amarílis.

Saí guiando bem devagar por aquele fundo de vale, ocupado por casarões, até o ponto em que a avenida esbarrava num paredão de colinas e se bifurcava em duas ladeiras tortuosas. Quando iniciei a manobra de

* *Impatiens sultana*

retorno, notei o motor ressoando com maior intensidade. O ruído era refletido pela topografia do terreno que, naquele ponto, criava uma concha acústica natural.

Sem entender o porquê, estacionei novamente o jipe, desliguei o motor e não resisti à tentação de dar um grito.

– ...êêêi ! ...êêêi ! ...êêêi ! – respondeu um eco.

Naquele exato momento, surgiu em minha cabeça uma imagem relacionada à curiosa questão proposta por Kubrusli. De súbito, ela fez estremecer toda a linha de recordações que eu acabara de construir, percorrendo-a como um calafrio.

Incrível! Encontrava-me bem próximo de algo que poderia servir como um excelente ponto de partida para a tal resumida e difícil resposta.

Sem dúvida, a semente que fizera brotar em mim o espírito de um caçador de insetos havia passado por aquele local, há muitos anos e na forma de um resplandecente besouro furta-cor.

O fato acontecera nas primeiras horas de uma manhã ensolarada e, logo em seguida, um grito cortara o silêncio das matas que ali existiam, transformando-se num simples, mas inesquecível – eco.

Besouro furta-cor

– ...uuuta! ...uuuta! ...uuuta! – ainda ecoava o grito, enquanto o magnífico besouro furta-cor distanciava-se, voando lentamente sobre as copas das árvores.

O inseto continuava ganhando altura, deixando para trás uma paisagem de florestas entrecortadas pelo traçado irregular de algumas estradas de terra. Parado, bem no meio de um caminho enlameado que se bifurcava em duas ladeiras tortuosas, escutei o eco espalhando o meu grito de garoto enraivecido entre as colinas mais próximas.

Eu acabava de xingar a mãe do maldito besouro verde que escapara – por pouco – das minhas mãos, depois de me fazer correr por quase uma centena de metros. E xingaria pela segunda vez, se a figura esbaforida do meu pai não tivesse surgido de dentro do mato, poucos passos mais à frente. Sem disfarçar a preocupação, ele veio ao meu encontro.

– Que aconteceu, meu filho? Que gritaria é essa? – perguntou, muito sério.

Fiquei tão atrapalhado com a situação que devo ter demorado alguns segundos para inventar uma desculpa. Por fim, respondi que também ouvira certos gritos... mais ao longe.

Virando-me as costas, com um ar de desconfiado, meu pai voltou a se embrenhar na mata e continuou sua busca por uma certa *Cattleia lodigesi*, uma orquídea que ainda existia por ali. A julgar pela sua cara, a coleta de orquídeas não estava sendo muito proveitosa. Ele só havia apanhado duas pequenas *lodigesi* defeituosas. Não eram flores muito bonitas, daquelas que ele pudesse exibir com orgulho na Sociedade de Orquidófilos. Meu pai as recolhia porque gostava de cultivá-las em seu jardim.

Estávamos passando a manhã de domingo no Morumbi, um bairro de São Paulo que, naquele ano de 1954, começava a ser loteado e ainda abrigava grandes áreas com florestas. Nosso carro ficara estacionado numa estrada enlameada, recém-aberta pelos tratores, onde uma pequena placa de madeira já anunciava a futura Avenida das Amarílis. Ali, meu pai me treinava a caminhar pelo mato, a abrir picadas com o facão que ele me dera de presente e que eu, com orgulho, pendurava no cinto. Era também ali que ele me ensinava a não perder o rumo no emaranhado das árvores e a desenvolver o olfato para com os cheiros das plantas. Quando encontrávamos um bicho e meu pai me dizia para pegá-lo com a mão, eu obedecia cegamente. Fosse sapo, aranha ou até cobra! Isso, numa época em que cobra era o que não faltava no bairro do Morumbi.

As perigosas jararacas não costumavam ser encontradas com freqüência, mas acabavam sendo descobertas e destruídas durante os serviços de terraplenagem nos loteamentos. As mais comuns eram as inofensivas boipevas*, grandes comedoras de sapos, que habitavam os terrenos mais baixos e brejosos. Já as cobras-cipó** quase não desciam das árvores e só saíam do mato durante as frias manhãs de inverno para tomar sol nas ruas de terra. Então, coitadas, acabavam sendo atropeladas pelos caminhões das obras.

Mas, naquela manhã ensolarada, pela primeira vez, eu correra atrás de um besouro por sentir-me atraído pela sua beleza. Não resistira ao desejo de guardá-lo, de tornar-me proprietário da pequena carapaça reluzente que lhe revestia o corpo. O besouro furta-cor representou minha descoberta da "beleza colecionável" no mundo dos insetos. A intenção de capturá-lo e de guardá-lo comigo foi o primeiro passo para me tornar um colecionador de insetos. Por isso, desenhei uma carta-recordação assinalando a minha descoberta da "beleza colecionável" no mundo dos

*Xenodon merremi**
*Chironius bicarinatus***

insetos. Ela representa uma vontade passageira, mas que um dia ainda iria retornar... e com muito mais intensidade.

Até então não me interessavam os besouros bonitos, só os que tivessem formas aerodinâmicas. Graças a eles, era possível pôr em prática um dos mais diabólicos projetos já idealizados, desde o início das minhas "atividades terroristas" com a utilização de insetos.

Na verdade, meu interesse por besouros começara há pouco menos de um mês, quando descobri que podia obrigá-los a voar. Depois de atirados para cima, eles abriam as asas rígidas, com forma de estojo, desdobravam o segundo par de asas como se fosse um leque e voavam para bem longe. Com a grande maioria dos besouros era isso o que acontecia. Mas, de vez em quando, os bichos não cooperavam com os lançamentos e despencavam sem abrir as asas. Mesmo assim, eles nunca se esborrachavam contra o solo, fato que me deixava surpreso durante as primeiras experiências.

Depois de verificar que os besouros não se machucavam facilmente, senti-me muito à vontade para continuar jogando-os, cada vez mais alto. Em pouco tempo aperfeiçoei a prática dos arremessos, ao empregar um estilingue como propulsor. Aí sim, dava gosto ver os besouros entrarem em órbita sobre os telhados e, lá de cima, abrirem as asas para aterrissarem nos quintais da vizinhança. Os bichinhos logo passaram a fazer parte do meu arsenal de guerrilha urbana, como um novo tipo de munição para estilingue. Foram apelidados de *besouros-bala*.

Meu maior problema era achá-los em número suficiente para realizar a brincadeira, sem me afastar de casa. Eu não tinha permissão para caçar insetos em locais distantes, isto é, muito além dos terrenos baldios de uma pequena rua do Jardim Paulistano, a Mariana Correia.

Acima:
O pequeno inseto, usado como besouro-bala e lançado para invadir as residências.

Abaixo:
*O **Megasoma elephas** é um dos maiores besouros do país. Seu corpo tem o volume de um ovo de galinha. Mesmo assim, um delicado par de asas faz o bicho voar muito bem. Se fosse encontrado em meu bairro, acabaria transformado num poderoso besouro-bomba!*

O bairro ainda era bem deserto nessa época e meu pai, arquiteto, havia construído ali a nossa casa. Tínhamos como vizinhança uma dúzia de outras residências e, ao nosso redor, ainda sobravam muitas áreas desocupadas e recobertas de mato. Pouco distante da minha casa, um denso capinzal desdobrava-se para os dois lados da rua e servia de pasto para algumas vacas. Pois era naquele limitado território, formado por uma série de jardins e de terrenos abandonados, que eu precisava encontrar os *besouros-bala* para os arremessos.

Não permaneci muito tempo praticando lançamentos de besouros ao acaso. Passei rapidamente para um outro estágio, já muito mais sofisticado. Descobri um tipo de alvo que logo se transformou em predileção: janelas abertas em noites de verão. Daí por diante, a brincadeira de arremessar besouros foi se transformando em algo semelhante a uma verdadeira técnica, pois contava com várias dificuldades a serem superadas; primeiro, a captura de besouros com formato aerodinâmico; depois, uma série de cuidados para mantê-los juntos sem que se destruíssem; finalmente, alguns complicados cálculos de balística na hora de lançá-los.

No final do ano, chegavam as noites quentes de verão. Janelas abertas e luzes acesas agiam sobre mim como a lua cheia para um pequeno lobisomem, funcionavam como um chamado irresistível para que eu entrasse em ação e deixasse a vizinhança em pânico. Com a minha possante bicicleta de oito marchas e com uma lata cheia daqueles "projéteis" de seis patas, eu mergulhava na escuridão do bairro, imaginando-me um aventureiro solitário, atirando besouros e pedalando em disparada.

Às vezes, para o azar dos moradores, eu lançava algumas *silfas fedorentas*[2], bem lá dentro de seus quartos iluminados. As silfas eram besourinhos achatados que soltavam um cheiro pior que o dos percevejos-do-mato. Eu as procurava junto aos corpos já apodrecidos de cachorros ou gatos atropelados, porque as Silfas se alimentavam de bichos em decomposição.

Com o passar do tempo fui ficando mais exigente na escolha dos *besouros-bala*. As formas arredondadas, com patas menos espinhosas e com o corpo do tamanho de uma azeitona graúda, tornaram-se as preferidas.

Os melhores de todos eram besouros, geralmente muito coloridos, que se alimentavam de flores e de frutos. Mas para conseguir apanhá-los era preciso pular os muros dos vizinhos e trepar nas goiabeiras, ameixeiras, pessegueiros, enfim, em todas as frutíferas que eram cultivadas nos fundos de quintal. Uma maneira de evitar atritos e reclamações com a

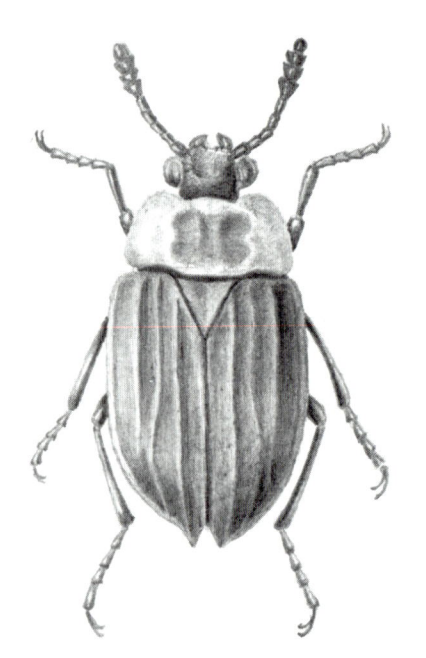

2 *Silpha cayennensis*
Comprimento: 1,5 cm
Besourinho especial para aromatizar os quartos de dormir.

vizinhança, era procurar outros tipos de besouros com revestimentos aerodinâmicos. Mas, tudo se tornou mais fácil quando descobri uma verdadeira mina de *besouros-bala* no meu próprio jardim. Encontrei nada menos do que duas dúzias de besouros, e com um design perfeito para os lançamentos, agarrados à frutificação de uma planta conhecida como Costela-de-Adão ou Banana-do-mato.

Tive uma surpresa, ainda maior, quando aproximei a mão para recolher os insetos. Envolvida por uma grossa capa protetora, já meio aberta, a frutificação parecia-se com uma banana esbranquiçada e irradiava uma temperatura equivalente a de uma pessoa com febre. A princípio, imaginei que a estranha quentura só poderia vir dos besouros. Afinal, nunca havia encontrado uma planta mais quente do que minha própria mão e, por outro lado, lembrava-me de ter segurado o corpo de uma mariposa que irradiava uma temperatura um pouco mais alta que a dos meus dedos. Só depois de retirar todos aqueles besouros amontoados sobre a banana esbranquiçada, descobri que a verdadeira fonte de calor estava na própria planta e não nos insetos. Corri, então, para comunicar a descoberta aos meus pais.

Na verdade, a Costela-de-Adão não era muito reconhecida como frutífera. Ela estava se tornando cada vez mais comum nos jardins de São Paulo, sendo utilizada como trepadeira para revestir os muros e os troncos das árvores, mas era originária do México.

Meu pai não me deu uma explicação para o fenômeno da temperatura, mas convenceu-me a experimentar um pedaço daquela infrutescência, segundo ele, muito saborosa. O nome científico da planta era *Monstera deliciosa* o que, de certa forma, parecia uma propaganda do tipo: "prove um novo sabor irresistível". Arranquei a besourada de cima da *deliciosa* e... cravei-lhe os dentes. Que decepção! Detestei o gosto morno daquela banana-com-febre. Logo depois, tratei de esquecer a experiência com a primeira garrafa de refrigerante que encontrei na geladeira e, daí por diante, aprendi a só usar a planta como fornecedora de *besouros-bala*.

Quando iniciei o curso ginasial, já conhecia muitos outros tipos de plantas e bichos utilizáveis na prática do "terrorismo biológico". Passei a surpreender colegas e professores com invenções mais sofisticadas do que aqueles inocentes arremessos de besouros.

Um dos momentos mais brilhantes da minha nova fase ficou conhecido na escola como – *O ataque do Balão Formigueiro*. O material necessário para executar o projeto era bem simples: um balãozinho de borracha do

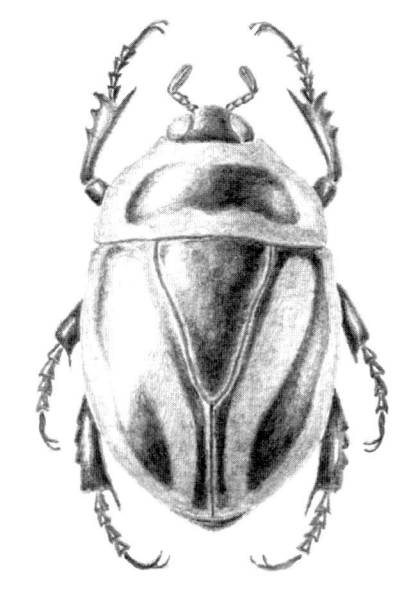

Acima:
Um típico comedor de frutas e flores, com um design ideal para ser usado como besouro-bala.

Abaixo:
Costela-de-Adão com destaque de sua frutificação, isto é, a tal da banana-com-febre.

tipo *Feliz Aniversário*, um pouco de talco, um funil, uma folha de papel, um pouco de açúcar, um pedacinho de arame e formigas. Muitas formigas.

A folha de papel era colocada sobre o solo, perto de um formigueiro, tendo ao centro uma pitada de açúcar. Era só esperar que um bom número de formigas estivesse sobre o papel e então colocar um pouco de talco dentro do balão, ainda desinflado, ajustar o funil em sua boca de entrada de ar e despejar todas as formigas do papel no interior do balão. Elas não conseguiam subir pelas paredes sujas de talco do balão murcho e, assim, a mesma operação poderia ser repetida várias vezes, até que umas cem ou duzentas formigas estivessem aprisionadas. Então eu apertava o pedacinho de arame, dobrando-o em V sobre a boca de entrada de ar do balão, para que nenhuma formiga escapasse.

O local mais adequado para testar a eficiência do invento era, infalivelmente, a janela aberta de uma sala de aula que estivesse repleta de meninas (elas têm mais medo de formigas e gritam mais que os garotos). Já diante da janela, era só retirar o arame, encher o balão de ar e soprar sem receio pelo bocal, pois as formigas não eram impelidas em direção à boca. Depois, segurando com firmeza o bocal entre o polegar e o indicador, apontar o balão para dentro da sala e, com o simples gesto de abrir os dedos, deixá-lo projetar-se lá para dentro.

Que beleza! Invadindo o espaço da sala como um cometa colorido, o balão ia deixando atrás de si um rastro surpreendente de talco e formigas, enquanto permanecesse ziguezagueando rente ao teto.

Na primeira experiência, a reação inicial se resumiu numas poucas risadinhas com a entrada do balão, seguidas por um silêncio breve que antecedeu um ligeiro tumulto, acompanhado de algumas coceiras. De repente, um grito: for... miiigas! E tudo culminou numa portentosa gritaria com o total esvaziamento da sala.

Já na segunda vez, a simples entrada espalhafatosa do *balão formigueiro* – na mesma sala – foi suficiente para que um pânico imediato se instalasse entre as colegiais. Mais adiante, experimentei soltar – ainda ali – um inocente balãozinho sem formiga nenhuma a bordo. Como era de se esperar, o resultado foi aquela debandada de sempre.

Infelizmente, essa que era uma das minhas melhores molecagens, teve vida curta. Só pude utilizar o meu kit recolhedor/espalhador de formigas por uma meia dúzia de vezes. Tudo por culpa de um certo colega, muito desajeitado, que conseguiu me convencer a deixá-lo soltar o *balão formigueiro*. Mas o idiota escolheu uma janela de basculantes e imaginou que o balão iria passar entre um dos vãos. Não passou. O balão ficou entalado e, antes de penetrar na sala já meio murcho, despejou quase todo o seu jato formigante sobre a cabeça do infeliz. Apanhado em flagrante, com as roupas cheias de talco e formigas, sua sentença foi a de cumprir uma suspensão de três dias. Isso, depois de ter sido responsabilizado por todos os outros atentados com *balões formigueiro*.

Fiquei indignado com a culpa que, injustamente, recaiu sobre o coitado. Fui procurar a direção da escola para me responsabilizar por certos atos de terrorismo biológico que vinham acontecendo naquele ano. Arrisquei-me bastante porque minha reputação não era das melhores. Por precaução, não mencionei nenhum dos atentados onde haviam sido empregadas taturanas, lesmas e lagartixas. Reivindiquei apenas os que envolviam a participação de balões e formigas. Surpreendida pela minha lealdade para com o colega, a diretora reconsiderou a questão e aplicou a suspensão da seguinte forma: três dias para mim e dois para aquela besta quadrada.

O episódio me tornou muito popular diante dos outros colegas e passei a desfilar, durante algum tempo, com ares de pequeno herói... seriamente ameaçado de expulsão.

Mas eu não iria deixar as formigas em paz por muito tempo. Minha rua principiava na Rua Grécia, um território cheio de terrenos baldios. Ali vivia uma planta que servia de moradia permanente para formigas. Era uma árvore muito especial: a Imbaúba. Eu a chamava de *árvore-da-preguiça* porque costumava encontrar, lá para os lados do Morumbi, um ou outro pacato bicho-preguiça, sempre saboreando as suas folhas. Atualmente, as Imbaúbas ainda podem ser encontradas em alguns parques da Grande São Paulo (e os bichos preguiça, é claro, sumiram), mas enquanto eu era criança as Imbaúbas ainda existiam em maior quantidade e havia pelo menos uma dezena delas perto da minha casa. Nos terrenos baldios do bairro do Morumbi, elas eram um pouco mais numerosas e suas folhas prateadas ganhavam um especial destaque, contrastando com os tons sombrios da vegetação.

Nessa época um jardineiro me contou que o interior dos troncos das Imbaúbas continha uma série de espaços ocos, habitados por um grande

Na página oposta:
Em primeiro plano, árvore-da-preguiça – uma imbaúba (Cecropia sp.) de folhas claras, nos restos de matas que confinavam com os fundos dos quintais, no bairro do Morumbi.

Abaixo:
O lixo acumulado junto às casas, nos terrenos baldios, criavam um feio contraste com o ambiente florestal que ainda existia no bairro.

número de formiguinhas pretas*. Segundo o homem, aqueles insetos surgiam através dos pequenos orifícios que eles perfuravam na casca, quando se desferia um tapa na superfície do tronco.

Pouca gente sabia do fato e, por isso, não foi difícil arquitetar um excelente número de magia que envolvesse a Imbaúba e o seu pequeno batalhão de formigas. Minha estratégia consistia em espalhar pela vizinhança a história de uma misteriosa melodia que, quando assobiada, tinha o poder de atrair as formigas. Depois era só convidar um dos incrédulos para assistir um fantástico recital de silvos diante da Imbaúba. O espectador deveria ficar bem em frente ao furinho de saída das formigas. Em seguida, simulando um certo ar de concentração, eu passava a assobiar a "melodia mágica". Ao mesmo tempo, apoiando-me na árvore, dava uns discretos tapinhas no lado oposto do tronco, sem que ninguém percebesse. E... pronto! De lá de dentro da Imbaúba brotava uma torrente de criaturinhas assanhadas, atendendo ao chamado irresistível do assobio.

Muitos tentaram obter o mesmo resultado, mas logo descobriram a dificuldade de imitar corretamente a minha longa seqüência de assobios. Na verdade, nem eu mesmo sabia repetir. O discreto tapinha era o único som importante de toda a *Melodia das Formigas*, um segredo que iria permanecer comigo por muitos anos.

Gafanhoto gigante

Tudo parecia indicar que a minha longa "fase embrionária", recheada de grandes molecagens com besouros, formigas e outros insetos, ainda iria durar muito. Mas, de repente, todos se surpreenderam com as novas experiências que fui pondo em prática. Na verdade, elas faziam parte de uma derradeira tentativa de continuar lidando com insetos, mas sem me arriscar a ouvir broncas.

De todas as novas experiências, a mais gratificante aconteceu num Natal, com um presente dado por minha avó. Foi quando tive, pela primeira vez, a sensação de segurar entre as mãos um pequeno modelo do nosso planeta. Mas a superfície lisa daquele globo de papelão não me agradava muito. Por isso, passei a acrescentar-lhe os relevos das minhas montanhas prediletas, fabricados com pedacinhos supermastigados de chiclete.

*Formigas do Gênero Azteca**

O presente começou, assim, a ganhar alguns vulcões pegajosos e inofensivos. Eram, justamente, os que mais me haviam impressionado com suas histórias catastróficas. Porém, o que mais chamava a atenção em toda aquela superfície esférica era o relevo acinzentado de uma gigantesca Cordilheira do Himalaia que eu esparramara pelo norte da Índia, deixando encoberto o diminuto reino do Nepal por uma grossa camada de goma de mascar. Ali, entre outros picos, estava grudado o majestoso Monte Everest, representado por um conezinho de chiclete com a grandeza de um grão de arroz.

Minha avó desaprovava todas as transformações surgidas – de surpresa e a cada manhã – em cima do presente que havia me dado. Ela também jamais entenderia as razões da minha enorme satisfação, quando eu punha a Terra para girar sob a luz mortiça de um "sol" de quarenta watts, instalado na cabeceira da cama.

No aconchego do leito e deixando a imaginação navegar no espaço quase escuro do quarto, sentia-me como um gigante cósmico, apalpando os continentes de um pequeno mundo, enquanto modelava fantasias feitas de chiclete. Depois, adormecia sem me encabular, nem um pouco, com as regras anárquicas, criadas durante aquele jogo mágico, onde as dimensões pareciam transformar-se como que por encanto, obedecendo aos meus caprichos de garoto.

Um dia, a paciência da minha avó se esgotou, quando introduzi um elemento muito indesejável na superfície do globo: um gafanhoto morto, atravessado por um alfinete e com as asas distendidas para os lados! Foram tantas as reclamações, que quase retirei o pequeno inseto de cima do presente.

Ninguém entendia o motivo que me levara a espetar aquela carcaça de gafanhoto num pontinho que representava a cidade de São Paulo. Mas havia uma explicação bem simples para o fato. Meus pais costumavam comprar uma revista americana onde as propagandas de um fabricante de inseticidas ocupavam toda uma página com belíssimas ilustrações de insetos. Elas mostravam alguns espécimes retirados de coleções e espetados sobre mapas, para indicar seus lugares de origem. De cada número da revista, eu recortava aquelas propagandas coloridas que sempre traziam figuras de insetos prejudiciais à agricultura ou à saúde, em diversas regiões do mundo. Depois, passava a colecioná-las dentro de uma pasta. Mas aqueles bichinhos provocavam demais a minha imaginação por estarem superdimensionados. Nos recortes, tanto o besouro triturador de cereais da Índia como o gafanhoto devorador de inhame

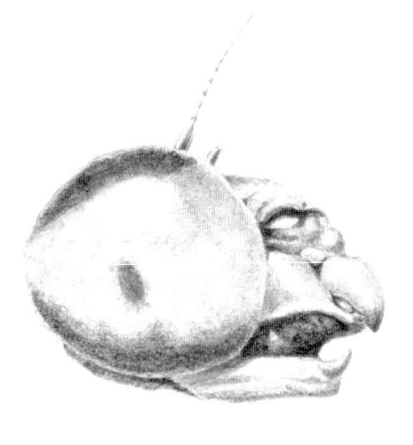

Acima:
A carranca de dragão é o perfil da cabeça de uma libélula.

Abaixo:
Uma pulga vista de frente, equilibrando-se sobre fios de cabelo.

da África ou, até mesmo, a minúscula lagartinha dos algodoeiros da Carolina do Sul, podiam ser vistos tão ampliados e atemorizantes que pareciam animais saídos de histórias de ficção.

Para conquistar um maior número de compradores de inseticidas, as propagandas apresentavam as pragas como se elas tivessem o tamanho de um país inteiro. Assim, o consumidor deveria ficar convencido de que, graças à ação do produto anunciado, nosso planeta estaria a salvo de um inseto monstruoso. E foi devido a essa estratégia de vendas que, um dia, fixei o corpo de um gafanhoto, capturado no fundo do quintal, sobre a superfície encurvada do meu globo terrestre. Deixei que o bicho ganhasse, ali, a dimensão de um daqueles insetos gigantescos das propagandas coloridas. O diminuto cenário esférico onde eu, brincando de gigante cósmico, construíra cordilheiras e vulcões, agora parecia dominado por um gafanhoto imenso que escurecia países inteiros com a sombra de suas asas.

Quando aproximava o rosto do meu pequeno planeta, quase encostando o olho na calota azul do Oceano Atlântico, o efeito ainda se tornava mais surpreendente. Então, servindo-me das regras flexíveis e mutantes do vale-tudo dos tamanhos, trocava o meu papel de gigante poderoso pelo de um insignificante náufrago, como se estivesse flutuando à deriva. Nessa nova posição, aproveitava-me da curvatura do globo para admirar, de um outro ângulo, aquele inseto alfinetado junto à linha do horizonte. Foi dessa maneira que acabei descobrindo muitos outros detalhes interessantes, escondidos na parte ventral de um simples gafanhoto.

A brincadeira do vale-tudo dos tamanhos, contando com a participação do gafanhoto gigante, acabaria se convertendo numa preciosa *carta-recordação* por marcar, de modo aproximado, o final de uma longa "fase embrionária" e a chegada da fase seguinte.

Mas, naquele mesmo Natal, um outro presente também me ajudaria a enxergar de maneira diferente o mundo dos insetos. Era um antiqüíssimo microscópio, uma velharia que já devia estar fora de uso há mais de um século. De qualquer forma, um acanhado aumento de quarenta ou sessenta vezes, proporcionado por algumas das lentes do instrumento, era suficiente para transformar a imagem de uma minúscula pulga numa verdadeira caricatura ambulante. Vista de frente, sua semelhança com a cabeça de um homem bigodudo era quase inacreditável. Mais adiante, enfiando debaixo de uma das lentes do aparelho a cabecinha de uma libélula, enxerguei nitidamente a carranca de um dragão.

Continuando a usar as suas lentes soltas para obter imagens não tão aumentadas, encontrei um curioso desenho no abdome de uma aranha. O fato, em si, não teria nada de extraordinário, mas ajudou-me a superar um grande problema para poder brincar mais à vontade com uma das plantas do jardim. Com muita freqüência eu cortava alguns caules espinhosos da coroa-de-Cristo para colocá-los como barricadas em torno da aldeia dos caçadores de cabeças, obrigando-os a se desviarem durante a fuga em direção ao terreno "minado" com as bagas "explosivas" da Maria-sem-vergonha. Porém, os canteiros de coroa-de-Cristo viviam infestados por um dos raros bichos que me causavam temor. Era uma aranha de corpo prateado que costumava ficar repousando, bem no centro da teia, com as patas esticadas em forma de cruz. Os fios de sua delicada teia tornavam-se quase invisíveis e o animal parecia flutuar sobre a folhagem.

Uma das aranhas prateadas já havia corrido por cima de minha mão, assustando-me o suficiente para que sentisse medo e desconfiança quando me aproximava das teias. Mas tudo mudou de figura quando usei uma das lentes do microscópio para observar o corpo de uma das *prateadonas*. Deparei-me com uma pequena cara de gato, sobressaindo-se na parte superior do abdome. Muito surpreso com a descoberta, dei à aranha o apelido, quase carinhoso, de *aranha gatinho*. Pode parecer estranho, mas o apelido serviu para apagar a imagem assustadora do animal. Passei a encarar as aranhas prateadas com muito mais simpatia na hora de fabricar as barricadas espinhosas para liquidar os indígenas.

Depois de algumas dúzias de surpresas tão incríveis quanto a do *homem bigodudo*, a da *cabeça de dragão* e a da aranha *cara de gatinho*, eu seria capaz de concordar inteiramente com aquela quinta característica dos *duendes de seis patas* (ou de oito patas, como no caso da aranha): "São capazes de assumir aspectos estranhos, a ponto de superar nossa imaginação".

* * *

Sem suspeitar, eu já estava exercitando minha criatividade e preparando o senso de observação para uma longa e inesquecível experiência. Em breve, iria explorar um mundo povoado por fantásticas e, às vezes, assustadoras criaturas; seres que poderiam ter sido criados em meus piores pesadelos se, eles próprios, não houvessem motivado os melhores dos meus sonhos. Naquele mesmo ano, eu iria me tornar um caçador e colecionador de insetos.

Abdome da aranha-prateada Argiope argentata. A cara de gato está na superfície prateada do abdome, logo acima da parte colorida. Um fino traço escuro une os dois "olhos" do gato. Logo acima, duas saliências se parecem com as "orelhas".

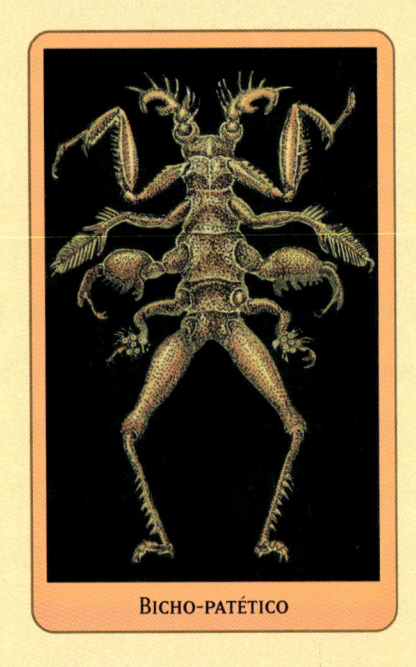

- Bicho-patético
- Escarabídeo "fanaêus"
- Troféus de Seis Patas
- Divina e Diabólica
- Super-herói Barbudo

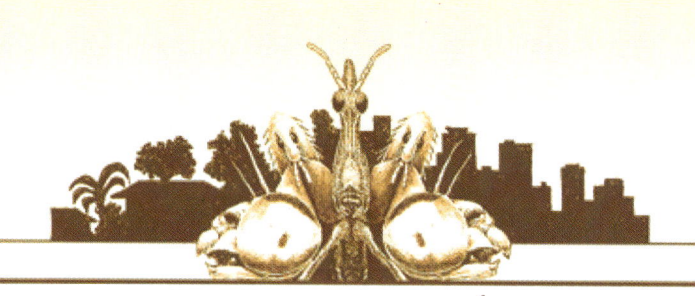

SEGUNDO CAPÍTULO

Fase de lagarta

Um período dominado pela paixão do caçador e colecionador de insetos, caracterizado por uma "fome" insaciável de capturar espécimes de todos os tipos e tamanhos. O aumento constante da coleção é a principal preocupação. Esse período contém uma certa semelhança com a "fase de lagarta", quando o animal não pára de comer e de aumentar de tamanho.

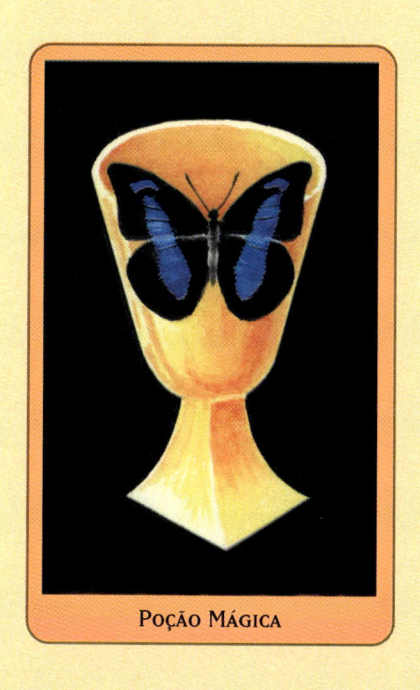

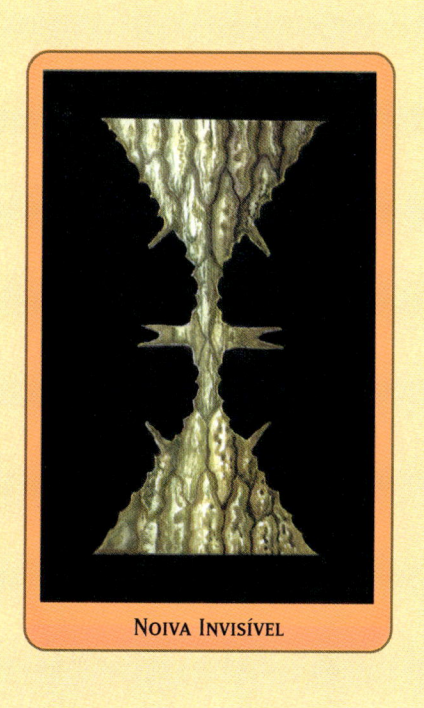

Poção Mágica

Noiva Invisível

Fechaduras Voadoras

Bicho-patético

No início da década de cinqüenta a garotada costumava colecionar figurinhas, chaveiros ou caixas de fósforos. Não era de espantar, portanto, que a maioria das pessoas fosse incapaz de compreender minha estranha e isolada preferência por ajuntar insetos. Que fazer? Naquela época, a minha "fase de lagarta" estava bem no início e eu não iria parar de encher caixas e mais caixas com insetos de todos os tipos só porque me achavam esquisito.

Depois de deixar escapar aquele besouro verde furta-cor, procurei capturar vários bichinhos diferentes, só para satisfazer minha curiosidade. A colorida superfície dorsal dos insetos era, inegavelmente, o motivo principal da minha coleção. Mas quando eu resolvia inspecionar aqueles animais pelo lado ventral, tal como aprendera a fazer com o gafanhoto "gigante", surpreendia-me com a variação enorme das pecinhas que encontrava. As próprias patas eram impressionantes. Desde as mais finas e alongadas, até as mais troncudas, cada categoria de pata parecia uma pequenina escultura. Esporões, franjas, espinhos, ganchos, garras, escovas; era tão grande a variedade daqueles minúsculos acessórios, que jamais me cansaria de ficar observando pedaços de bichos por tardes inteiras.

Cada grupo de insetos oferecia-me novas e inesperadas distrações. Às vezes, interessava-me pelo tipo de asas ou de antenas, outras vezes, por um conjunto de chifres, trombas ou lâminas que se sobressaíam daqueles corpos diminutos como se fossem esculturas exóticas, criadas exclusivamente para o entusiasmo dos colecionadores de insetos.

Para poder lidar à vontade com aquelas pequeninas carcaças, sem estragar os insetos da coleção, passei a armazenar uma quantidade enorme de espécimes danificados em caixas separadas, rotuladas com o título de "Insetos para estudo". A seriedade sugerida pelo rótulo apenas escondia o meu lado brincalhão. Logo me veio a idéia de juntar as partes de vários insetos diferentes para criar um bicho imaginário. O objetivo era fabricar um monstrengo cheio de articulações e apresentá-lo aos amigos como um animal ainda desconhecido pela Ciência. Passei muitos dias dissecando, separando e reorganizando centenas de peças retiradas de bichos

Algumas das peças usadas para fabricar monstrinhos. Duas ninfas de besouros aparecem entre os pedaços de insetos, retirados da caixa secreta.

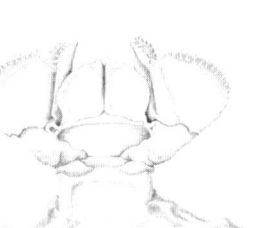

danificados. As patas eram desarticuladas por inteiro. Adotei o método de guardar as coxas numa caixinha, as tíbias numa outra e os artículos tarsais (que eu chamava de *sapatinhos*) numa terceira. Depois de alguns desenhos e projetos, iniciei a construção do tal bicho que não existia. Gastei duas semanas fazendo colagens e remendos, até que a geringonça ganhasse a sua forma definitiva e ficasse com uma certa aparência de animal raro... desde que olhado com boa-vontade.

O resultado foi muito mais impressionante que o esperado, mas ninguém se convenceu de que a natureza pudesse produzir alguma coisa daquele tipo. Na opinião geral, uma tal aberração só poderia ter sido gerada na minha cabeça. Por fim, a criatura acabou ganhando um nome

Sebeciga ladeus
COMPRIMENTO: 10 CM
A surpreendente criatura produzida no laboratório do Dr. Frankenstein dos Insetos.

"científico" tão extravagante quanto ela própria: *Sebeciga ladeus*. Cada uma daquelas sílabas havia sido retirada do nome de um dos bichos usados na construção do monstrengo: *SE* era de Serra-pau, um besouro do qual foi utilizada a cabeça com suas antenas supercompridas; *BE* era de outro besouro que tinha duas espátulas sobre o tórax e servia para tornar o *Sebeciga* mais impressionante; *CI* veio do nome de Cigarra, que também contribuiu com o tórax para se encaixar no do besouro; *GA* era do Gafanhoto, fornecedor dos dois grandes pares de asas; *LA* assinalava a participação de uma grande lacraia no projeto (embora não se tratasse de um inseto, foi com os segmentos do longo corpo da lacraia que construí o abdome do *Sebeciga*); o *DEUS* foi aproveitado do nome Louva-a-deus, porque usei os dois primeiros pares de patas desse inseto, ligando-os ao tórax do besouro. As brincadeiras de desmontar e reconstruir insetos não iriam parar tão cedo. Dentro de uma caixa rotulada de "Insetos Especiais", podiam ser admiradas algumas verdadeiras pérolas, saídas diretamente da minha linha de montagem, tais como: a *Percevespa*, a *Formiposa* e a fenomenal *Gorgubélula*, uma fusão de *Gorgu*lho (um tipo de besouro) com Li*bélula*. Na opinião de muitos amigos, aquela pequena coleção de animais fantásticos era suficiente para me transformar numa espécie de criador de monstrinhos, num *Dr. Frankenstein dos Insetos*.

O divertimento em criar bichos estranhos a partir de pedaços de insetos levou-me muito além das colagens praticadas no *Sebeciga*. Se continuasse grudando carcaças, só poderia lidar com bichos do mesmo porte. Jamais conseguiria, por exemplo, colocar as patas de um gafanhoto no corpo de uma pulga. Para criar essa supersaltadora *gafanhulga*, seria preciso deixar de lado as colagens e – desenhar – as patas de um gafanhoto no corpo de uma pulga. Não importaria o tamanho real de cada pata, antena ou asa, pois os desenhos não iriam obedecer a uma mesma proporção. Só assim as várias partes dos insetos, fossem elas grandes ou pequenas, poderiam ficar reunidas num único conjunto.

Depois de introduzir essa nova tática no vale-tudo dos tamanhos, passei a produzir uma enorme quantidade de desenhos. Nem sempre as figuras formavam um animal completo. Por sinal, uma das criações que causou maior impacto era composta só de patas; de seis pares de patas empilhados, uns sobre os outros, cada qual copiado de um inseto diferente. A figura completa ficou muito estranha e não consegui criar um nome esquisito o bastante para batizá-la. Por ser formada só de patas, acabou sendo chamada de *bicho-patético*. A carta-recordação reproduz com fidelidade o desenho do *bicho-patético* que eu havia desenhado utilizando a técnica de pontilhismo. No alto, as patas em forma de gancho, de um minúsculo piolho, aparecem bem ampliadas e apoiam-se sobre as patas dianteiras de um louva-a-deus, próprias para capturar suas presas. As patas do louva-a-deus ficam apoiadas num par de patas, especialmente adaptado à natação, de um besouro aquático. Em seguida, aparecem as patas escavadoras da ninfa de uma cigarra e, logo abaixo, as patas providas de ventosas, encontradas num tipo de besouro. Na base, todo o conjunto é sustentado pelas elegantes patas saltadoras de um gafanhoto.

Uma grande facilidade para desenhar os monstrinhos insetóides poderia demonstrar criatividade, mas também refletia a minha maneira bem diferenciada de olhar os insetos. Eu me perdia na simples contemplação da variedade incrível de suas pequeninas peças para, depois, usá-las como bem entendesse. Assim, desviava a atenção de uma das características mais interessantes da anatomia dos insetos: a – função – que cada uma daquelas peças desempenhava durante a vida do animal.

Uns poucos ensinamentos já teriam sido suficientes para me fazer enxergar o corpo de uma abelha, por exemplo, como uma pequena caixa de ferramentas voadora. É quase inacreditável a lista de acessórios que o bichinho possui: patas dianteiras com limpadores de antenas; patas traseiras com grandes escovas raspadoras de pólen e mais uma alça ou pá que empurra o pólen para cima, armazenando-o numa estrutura composta por uma colher e um "garfo", este último formado por uma série de pêlos bem rígidos. Nas patas medianas existem espetos para retirar as pelotas de pólen de dentro das colheres. E todas as seis patas contribuem para varrer os grãos de pólen acumulados sobre a superfície do corpo, antes de serem escovadas pelas patas traseiras.

Hoje, consigo imaginar o corpo de uma abelha como um daqueles canivetes suíços que se abrem como um leque e exibem as mais inesperadas utilidades.

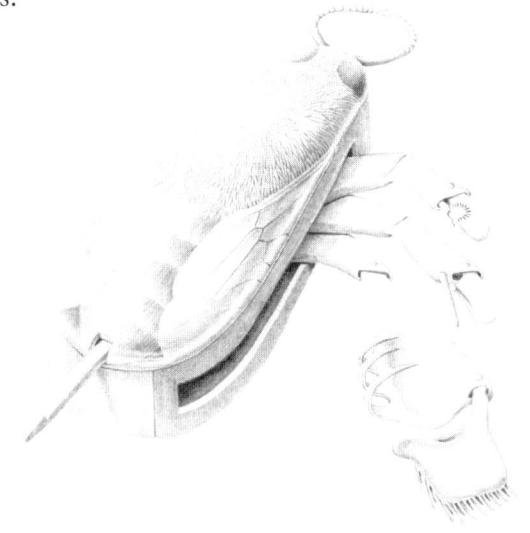

O canivete-abelha, um produto com design naturalista, com argolinha prendedora, formada por antenas, e com um ferrão para ser usado como furador.

O estudo da forma e função no mundo dos insetos teria me fascinado quando criança. Entretanto, permaneci montando e desmontando meus bichos, divertindo-me, tal como hoje se divertem os garotos que montam e desmontam seus pequenos robôs, apenas para transformar suas aparências. Nem me passava pela cabeça que cada pecinha daquelas, retirada do corpo de um inseto e manipulada como o simples encaixe de um brinquedo, continha um significado biológico profundo e admirável; que os insetos da coleção eram compostos por conjuntos de acessórios testados durante milhões de anos; que cada uma daquelas peças havia passado pelas mais duras provações do tipo: serve ou não serve, funciona ou não funciona, atrapalha ou ajuda.

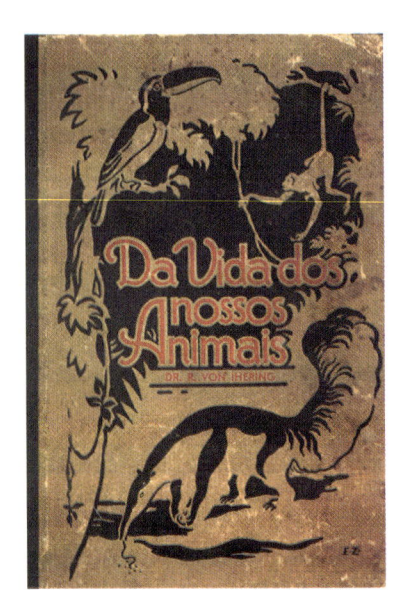

Tudo isso eu ignorava porque também desconhecia as impressionantes revelações de uma ciência chamada Biologia. Rearticulava meus insetos como se fossem brinquedinhos recicláveis, encarava-os como personagens a serviço dos meus caprichos, durante um divertido jogo de fantasias.

Escarabídeo *"fanaêus"*

Às vezes, acreditavam que meu interesse pela coleção ganhara um pouco mais de seriedade. Numa dessas ocasiões, minha grande meta era a captura de um besouro já batizado com o nome "científico" e muito sonoro de – Escarabídeo *"fanaêus"*. Depois de ter visto a ilustração do bicho no meu primeiro livro de Zoologia, achei que uma coleção de insetos jamais faria inveja a alguém, se não contasse com um besouraço daqueles.

Pelo menos uma vez por semana, deliciava-me ao folhear o capítulo dedicado aos insetos e acabava me detendo na mesma página, encantado com o que via. Um dos insetos, ali desenhados, parecia-se com uma miniatura de rinoceronte. O bicho era corpulento e escuro, com patas robustas e armadas com grossos esporões pontiagudos.

A carta-recordação mostra o besouro na posição em que era visto no livro e também o que ele mostrava de mais fascinante: o longo chifre com a forma de um sabre curvo que saía do topo da cabeça, dirigia-se para trás e encaixava sua ponta numa fenda, bem no alto de uma enorme corcova crescida sobre o dorso.

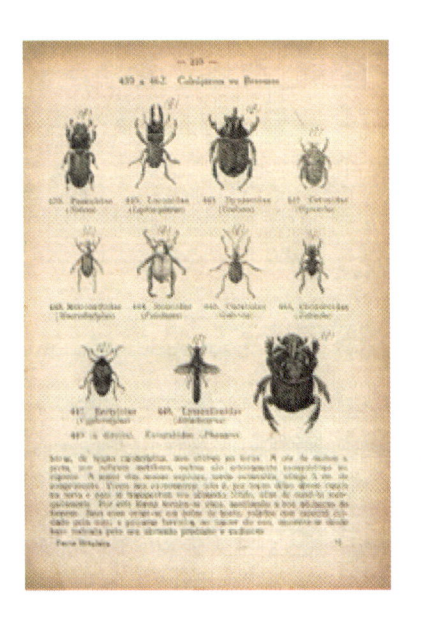

No livro, o desenho do bicho trazia uma legenda que o identificava assim: Escarabídeo (*Phanaeus*). Eu não sabia que a pronúncia correta do segundo nome latino era fanêus (*ae* em latim = *e*). Na ocasião, eu só havia aprendido com meus pais que o *PH* deveria ser pronunciado como *F* e continuei falando, erradamente – fanaêus.

Na mesma página que trazia a ilustração do *fanaêus*, havia uma escandalosa revelação sobre os hábitos dos escarabídeos: *"Vivem nos excrementos, isto é, por debaixo deles abrem canais na terra e para aí transportam seu alimento fétido, afim de comê-lo sossegadamente. Por esta forma tornam-se úteis, auxiliando a boa adubação do terreno. Seus ovos criam-se em bolas de bosta, rolados com especial cuidado pela mãe; a pequena larvinha,*

Meu primeiro livro de Zoologia e a página que me encantava, com a figura do Escarabídeo fanaêus.

ao nascer do ovo, encontra-se desde logo rodeada pelo seu alimento predileto". Conclusão: bicho porco, mas fácil de pegar!

Na Mariana Corrêa ainda haviam algumas vacas pastando e defecando, diariamente, mas o *fanaêus* não aparecia por ali. Talvez o meu besouro favorito vivesse com uma dieta bem mais "civilizada" que aqueles seus parentes citados no livro. Enganei-me. Já estava quase desistindo de procurá-lo, quando tive a confirmação de que o porcalhão fazia parte da lista. O fato havia sido observado por um amigo de meus pais que trabalhava em Mato Grosso. Ele logo reconheceu o *fanaêus* do meu livro e contou-me que os empregados de sua fazenda o apelidavam de... vira-bostas!

Lembro-me de ter ido para a cama, logo depois da conversa, bastante desapontado com o nome que os caipiras haviam dado ao inseto que eu tanto admirava. Mas, por outro lado, tornara-me mais esperançoso. Afinal, se um Escarabídeo *fanaêus* gostasse realmente de bosta, teria bons motivos para vir se instalar bem perto da minha casa. Naquela noite devo ter pegado no sono muito tranqüilamente, pensando em como era bom morar na Mariana Correia, a rua que atravessava um pasto repleto de bostas de vaca.

É bem possível que quase todos os meus sonhos contassem com a participação de insetos, bichos que nunca haviam me causado medo, nojo ou qualquer outro tipo de aversão. Por isso, e também por conviver tão intimamente com todo e qualquer tipo de inseto, eu é que devo ter provocado um sentimento de aversão em muita gente. Não porque vivesse cercado de baratas ou de moscas. Quando muito, dentro do meu quarto de criança, poderia ser admirada uma instrutiva criação de aranhas inofensivas, uma ou outra rara centopéia e um certo número de coloridas taturanas que logo se transformariam em mariposas. Enfim, apenas o suficiente para que me sentisse dormindo na adorável companhia de alguns seres encantados.

Nossos vizinhos já haviam se acostumado com a minha estranha mania de vasculhar os matagais atrás de bichinhos. Para eles, a grande novidade consistia naquele meu súbito interesse por – bostas de vaca!

Eu deveria saber que ninguém jamais iria me encarar como um persistente caçador de Escarabídeos, só por me ver revirando aqueles excrementos com uma longa pinça feita de bambu. Aliás, descobri que os pedaços mais ressecados podiam ser remexidos como se fossem grandes tortas, prepara-

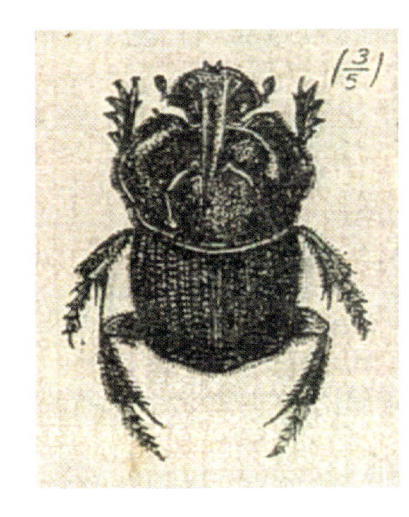

Figura ampliada do Escarabídeo fanaêus, da página ao lado.

das em camadas. Introduzindo entre elas a pinça de bambu, esforçava-me em alavancar camada por camada, sempre com a sensação de estar abrindo as tampas de uma fabulosa caixa de surpresas. Esperava encontrar, de repente , um precioso *fanaêus* escondido e à minha espera.

Os meses foram passando e... nada. Mas o permanente insucesso com as vacas, ao contrário de me fazer desistir das buscas, proporcionou-me a brilhante idéia de pesquisar também as bostas de cavalos.

Aliás, não seria nada difícil encontrar cavalos por ali. Bem perto de casa estendia-se a larga e arborizada Avenida Rebouças. Seus canteiros centrais, medindo uns seis metros de largura, eram recobertos por uma grama macia e sombreados por um verdadeiro túnel de folhagem formado pelas copas de grandes árvores de Fícus. O magnífico corredor arborizado acompanhava a avenida em toda a sua extensão. Era utilizado como pista de exercícios pelos treinadores de cavalos de corrida e também pelos proprietários dos animais que, por sinal, aproveitavam-se daquela oportunidade para exibir suas elegantíssimas roupas de equitação. Quase todas as manhãs, os cavaleiros se deslocavam do Jóquei Clube até junto à Avenida Paulista, conduzindo pomposamente suas montarias ao longo da Rebouças. Era exatamente nesse trajeto que os cavalos se tornavam interessantes para os meus propósitos, pois deixavam atrás de si o inevitável rastro daquelas bolotas escuras, elementos que eu julgava fundamentais para atrair os besouros-rinoceronte.

Enquanto duravam as minhas esperanças, parecia-me muito natural desfrutar do excelente auxílio prestado pela cavalaria da Avenida Rebouças e, portanto, continuar rastreando sua longa trilha de bostas. Por muitos meses continuei percorrendo o mesmo caminho e os pastos da Mariana Correia, sem obter nenhum resultado. De repente, consegui analisar aquela situação com uma clareza desconcertante: se existisse um único vira-bostas vagando pelo Jardim Paulistano, só poderia ser – eu mesmo!

Imediatamente, abandonei a teimosa perseguição ao Escarabídeo *fanaêus*. Dirigi meus interesses para outros tipos de insetos que pudessem ser localizados de maneira menos comprometedora. Isso não seria nada difícil, pois na minha própria rua já havia colecionado muitos outros tipos de insetos. Por sinal, sentia-me muito bem ao contemplar todos aqueles pequenos e estranhos seres, caçados por mim, caprichosamente enfileirados nas caixas da coleção. Também me divertia bastante com o medo ou repugnância que os insetos provocavam entre algumas pessoas.

Ser olhado como um garoto que não tinha medo de bichos esquisitos, contribuía – e muito – para a minha auto-afirmação. Por outro lado, e sem perceber, eu acabava criando um pequeno problema quando desatava a pegar sapos, lagartas e lesmas na presença de estranhos. Aí, ao contrário de estar sendo considerado corajoso, como imaginava, passava a ser visto como um menino nojento que mexia em porcarias.

Minhas demonstrações de valentia revelavam, apenas, o mau uso de certas habilidades aprendidas com meu pai. Ele havia me ensinado a lidar com os bichos em caso de necessidade e nunca por simples exibição. Contudo, o que mais eu precisava naquele momento era de bastante exibicionismo. Esforçava-me por demonstrar, na primeira oportunidade, algumas qualidades que me pareciam bem viris. Eu devia compensar um lado um tanto vulnerável da minha imagem de caçador de insetos. Afinal, a minha principal ferramenta de captura era, nada mais, nada menos, do que uma redinha de pegar borboletas. Ora, o uso da redinha não era exatamente polêmico, naquela época. Era considerado simplesmente ridículo por quase todos os meus conhecidos.

Qualquer um que resolvesse passar os fins de semana correndo atrás de insetos com uma rede de filó nas mãos, tornava-se um sério candidato a ser taxado de boboca ou de fresco. E, dependendo de seus modos, poderia desfrutar dos dois títulos ao mesmo tempo. Como eu não podia dispensar o uso da rede, tentei imprimir um jeito bem machão à maneira de andar e, ao mesmo tempo, forcei algumas expressões superinteligentes com o olhar. Depois de muito treinamento, diante de um espelho, fui levado a admitir que também poderiam me olhar como um palhaço.

Que destino! Transformado, aos poucos, numa vítima indefesa dos encantamentos daqueles bichinhos, eu deveria sujeitar-me a representar os mais indesejáveis papéis. Assim mesmo, não conseguia me livrar da vergonha de ser surpreendido com a rede nas mãos. Notando a aproximação de alguém, lançava rapidamente a rede de filó por entre os arbustos de um terreno baldio para não ser apanhado em flagrante. Mas, a despeito de tudo isso, a rede de filó continuaria a me acompanhar nas caçadas de insetos... sempre a contragosto! Por muitas e muitas vezes ainda iria carregá-la, deixando-a tremular sobre os ombros como uma bandeira incômoda. Era uma sensação desagradável, mas que logo poderia ser esquecida, desde que eu voltasse para casa com uma multidão de insetos novos dentro das caixas. Quase todos capturados com a redinha.

Aliás, por mais incrível que possa parecer, duvido que alguém tenha contribuído tanto quanto meu pai e eu para piorar a imagem, mundialmente ridicularizada, do caçador de borboletas. Isso aconteceu porque, juntos, tentamos capturar de uma maneira ligeiramente extravagante a *marrom-gigante*[3], uma borboleta enorme que habitava as matas do Morumbi. Em certas épocas do ano ela aparecia em pequenos bandos, voando sobre as copas das árvores e quase nunca se aproximando do solo. Era preciso atraí-la para perto de nós, de algum jeito.

Notamos que, elas mesmas, viviam se perseguindo. Então criamos um modelo de borboleta feito de papel, imitando a forma e o colorido castanho-escuro do inseto. Depois, passamos a correr pela estrada de terra, agitando o modelo na ponta de uma vareta, tentando atrair a atenção de uma *marrom-gigante*. Meu pai se encarregava de correr com a "isca" de papel, sacudindo-a com entusiasmo sobre a cabeça e eu corria atrás dele, com a rede de filó, até que uma das borboletas resolvesse mergulhar na direção do modelo e ficasse ao alcance de um golpe.

Foi durante uma dessas disputadíssimas correrias por uma estrada rasgada no meio do mato que aconteceu o pior. Estávamos subindo aquela que, um dia, seria a movimentada Avenida Eng. Oscar Americano, bem no início do trecho que ligaria o futuro Parque Alfredo Volpi ao Palácio do Governo. Por trás de nós, vinha um caminhão transportando um bando de operários assombrados com o que assistiam, ou melhor, com o que imaginavam estar assistindo. Os homens não haviam notado a revoada das borboletas, lá no alto. Eles observavam, perplexos, o espetáculo proporcionado pela desabalada carreira de um senhor grisalho, agitando freneticamente uma borboleta de papel e sendo perseguido por um garotão esbaforido com uma redinha de filó. Tentando pôr um fim no ridículo daquela situação, gritei para que meu pai parasse de correr. Não adiantou. Ele desligara seu aparelho de surdez para não sofrer com as vibrações causadas pela própria corrida. Então, num momento de covardia, saltei para fora da estrada simulando uma perseguição a um outro bicho e escondi-me no matagal. Deixei o coitado do meu pai continuar correndo com sua graciosa borboleta de papel, seguido de perto pelo caminhão repleto de operários.

3 Morpho hercules
Envergadura: 15 cm
A borboleta responsável pela correria dos dois "malucos" no Morumbi. Lado superior das asas, na figura de cima e lado inferior das asas, na de baixo.

Divina e diabólica

As caçadas de borboletas sempre me causaram problemas, mesmo sem a contribuição da redinha. Para muitas pessoas, não adiantava ficar explicando que as borboletas da coleção quase não haviam sofrido para morrer, que eram anestesiadas pelo efeito do éter, empregado para matá-las. Era o mesmo que não dizer nada. Às vezes, ainda precisava agüentar conselhos do tipo: – Não judie das coitadinhas, não se esqueça que são "criaturinhas de Deus".

4 **Heraclides thoas brasiliensis**
ENVERGADURA: 14 CM
Suas lagartas vivem em algumas espécies de limoeiros ou de laranjeiras e possuem cornogosmas superfedidos.

Eu não gostava de aceitar críticas daquela gente. Eram pessoas que pisoteavam as lagartas encontradas em seus jardins, mesmo sabendo que cada uma delas iria se transformar numa borboleta. Eu lhes falava sobre isso – inutilmente. Ninguém dava atenção. As mudanças de aparência que alguns insetos sofriam durante a vida, causavam reações bem diferentes entre as pessoas. Se a borboleta podia ser olhada como "criaturinha de Deus", a sua fase anterior – de lagarta – devia ter algo com o diabo para muita gente.

Além de assustarem, pela própria aparência, certas lagartas reservavam surpresas verdadeiramente diabólicas. E não apenas com as queimaduras produzidas por pêlos urticantes. Descobri isso, quando um amigo me entregou uma lata contendo umas dez lagartas, capturadas quando perambulavam sobre o muro de sua casa. Quando destampei o recipiente para recolhê-las, quase caí para trás, atordoado com o fedor que saiu lá de dentro. As lagartas soltavam um cheiro insuportável que lembrava o conhecido chulé, só que numa versão bem piorada.

Muito tempo depois, aprendi que elas se transformavam em belíssimas borboletas "rabudas", com caudas em forma de gota nas asas traseiras[4] e que, na fase de lagarta, alimentavam-se das folhas de plantas cítricas (limoeiros e laranjeiras). Seu terrível odor* era produzido por um órgão muito estranho que se projetava de dentro do corpo da lagarta, logo por detrás da cabeça. Ele tinha a forma de uma letra V e ficava se agitando por alguns segundos sobre o corpo do animal, parecendo um corno amarelado, gelatinoso, recolhendo-se em seguida. Devido ao seu aspecto gosmento, a geringonça acabou sendo apelidada de *cornogosma*, um nome esquisito, meio nojento, mas bem apropriado. Mais adiante, aprendi num de meus livros o nome técnico, e não menos esquisito, adotado mundialmente para aquele incrível chicote fedorento. Entre os cientistas, o *cornogosma* era conhecido pelo "belíssimo" nome de – osmetério! Pelo menos os osmetérios das minhas lagartas foram muito bem empregados numa fascinante pesquisa sobre o poder diabólico de certos odores. Depois de secretamente introduzidas no par de tênis de um colega de natação, as lagartas foram estimuladas a fazerem funcionar seus *cornogosmas* a todo vapor, tornando-se responsáveis pelo apelido que acompanhou a vítima por muitos anos: Paulo Chulé.

Na verdade, eu pregava uma grande mentira para os defensores das "criaturinhas de Deus" quando descrevia a morte daqueles insetos, em minhas mãos, como sendo algo suave.

O meio mais empregado para se matar uma borboleta não era nada agradável. Melhor dizendo, era brutal. Usando o polegar e o indicador, comprimia-se lateralmente o tórax do inseto, causando-lhe um traumatismo generalizado para impedir os movimentos vibratórios das asas. Com isso, evitava-se que a borboleta ficasse danificada por se debater. Só depois desse "tratamento de emergência" é que ela poderia ser introduzida num frasco, onde um algodão embebido em éter acabaria de vez com sua vida.

Eu havia aprendido esse método de eliminação com um garoto que caçava borboletas azuis de várias espécies nos morros florestados da cidade do Rio de Janeiro. Em meados da década de cinqüenta, ele vendia duas *azuis* recém-esmagadas com os dedos, mas com as asas em perfeito estado, pelo valor equivalente a um maço de cigarros de preço médio. A crueldade do ato pareceria ainda maior para quem visse o menino arrancando com as próprias unhas o abdome do inseto, enquanto o animal ainda se encontrava vivo. Contudo, havia uma boa razão para justificar aquela cena chocante: o abdome das *azuis* secretava uma substância gordurosa e, se não fosse logo retirado, poderia manchar irremediavelmente as asas. Por isso, nos pratos ou bandejas decorativas que continham as *azuis* inteiras, e não apenas as suas asas, as coitadas apareciam com os abdomes arrancados.

Uma lagarta com seus cornogosmas fedorentos espichados para fora do corpo.

Pobres borboletinhas. Mas alguém seria capaz de afirmar que uma barata pisada pela sola do sapato ou uma lagarta encharcada de inseticida sofreriam menos?

Um dia, só para testar as reações das pessoas, experimentei desmembrar uma enorme *viúva*[5] quando encontrei seu corpo, já sem vida, estirado sobre uma calçada. Eu costumava chamar de viúva àquela espécie de borboleta, devido a sua predominante cor preta. Resolvi arrancar as quatro asas e fazer uma montagem, usando apenas o seu corpo grande e peludo. Depois de preparada, com as patas negras e espinhentas esticadas numa posição bem natural, a *viúva* já não se parecia mais com uma borboleta e causou uma péssima impressão entre as pessoas que a viram assim. Se o bicho estivesse daquele jeito, ainda vivo e rastejando pelo chão com aparência de aranha, certamente iriam esmagá-lo com uma vassoura. Sem as asas, a reação causada seria outra. Bicho cabeludo e cheio de patas poderia ser morto sem nenhuma consideração. Foi por isso que resolvi reunir, na mesma carta-recordação, as imagens de uma lagarta bem "diabólica" e a de uma mariposa rosada, representando uma daquelas "criaturinhas de Deus". A lição é simples: preservar qualquer tipo de borboleta significa tolerar sua fase de lagarta.

Essas experiências com lagartas, metamorfoses e borboletas me prepariam para compreender a quarta e a quinta características dos *duendes de seis patas*:

"Radicais modificações de aparência conseguem transformá-los, de seres asquerosos ou assustadores, em outros de rara beleza".

"Há uma energia fluindo constantemente através de seus corpos. Essa energia pode retirar-lhes os revestimentos peludos e presentear-lhes com asas de cores brilhantes".

Troféus de seis patas

Sempre foi uma tarefa difícil mostrar a minha coleção de insetos para certos visitantes. Os curiosos eram, quase sempre, amigos de meus pais. Se eu tivesse ligado um gravador naquelas ocasiões, hoje eu me divertiria com alguns dos comentários.

– Nossa, querido, que perninhas peludas! ...
– Arrrgh! Parece uma barata pintada de verde... que coisa mais feia!

5 *Heraclides anchisiades capys*
ENVERGADURA: **10 cm**
A borboleta que eu chamava de viúva.

Abaixo:
O corpo de uma viúva, já sem as asas, preparado para assustar as pessoas.

Ao lado:
6 **Morpho achilles**
Envergadura: **11 cm**
Uma borboleta que adora chupar mangas meio passadas.

Abaixo:
7 **Morpho aega**
Envergadura: **9 cm**
Muito utilizada para enfeitar bandejas vendidas para turistas.

– Tem um que é cornudo!
– Isso é bicho ou é pau?
– Os de lá de Itu são o dobro desse aí!

Eu tentava enfrentar as observações mais idiotas com boa educação e com bastante tolerância os monótonos elogios, quase sempre idênticos. O mais difícil, porém, era conseguir explicar-lhes o que havia de tão excitante naquele passatempo.

Na verdade, tudo começava com uma enorme expectativa diante das condições do tempo. Isso, ainda antes de sair atrás dos bichos. Se ventasse muito ou se o ar estivesse seco, a caçada não iria ser proveitosa. Os insetos, principalmente as borboletas, ficariam escondidos no meio da folhagem nos dias de vento, de pouca umidade ou de muito frio.

Também havia uma deliciosa ansiedade pelo que poderia ser capturado durante a caçada. Agarraria um inesperado inseto que jamais imaginaria existir? Veria alguma das belíssimas borboletas que eram mostradas nos livros? E se desse de cara com um enorme *besouro-rinoceronte*, de quatro ou cinco cornos, um bicho que me fizesse esquecer por uns tempos do cobiçado Escarabídeo *"fanaêus"* de um corno só?

Borboletas de asas azuis eram uma tentação. Já havia visto duas espécies diferentes das azuis voando nas matas do Morumbi. Uma delas, a *azulona de barra preta*[6], eu conseguira capturar, mas a *azulona miúda*[7] era bem mais rara e difícil de pegar.

Eu mesmo batizava os insetos com esses nomes "populares", senão, não conseguiria me comunicar com meus pais e nem com os amigos que me ajudavam a pegar os bichos.

Ao lado:
8 **Caligo arisbe**
ENVERGADURA: *10 cm*

Abaixo:
9 **Mimoniades versicolor**
ENVERGADURA: *5 cm*

10 **Urbanus proteus**
ENVERGADURA: *4,5 cm*

11 **Phocides palemon**
ENVERGADURA: *6 cm*

Ao contrário do que já vinha ocorrendo na Europa ou nos Estados Unidos, e por muitas décadas, aqui no Brasil quase não se editavam livros sobre insetos para o público leigo. Alguns nomes populares apareciam em compêndios de Agricultura e serviam para identificar os insetos que eram pragas das plantas cultivadas, mas muito pouco era divulgado em jornais ou revistas. Por isso, acabei criando nomes que agora publico com intenções puramente espirituosas e nostálgicas, nomes que ficavam escritos em meus diários e que eram gritados para meus companheiros durante as emoções das caçadas.

Capturar certos bichos não tinha nada de fácil. Por horas seguidas, eu costumava correr atrás dos insetos de vôo rápido, um desafio que me fazia subir e descer as ladeiras desertas do Morumbi por um sem número de vezes. Tentar pegar uma *corujona amarelo arroxeada*[8], sem perder o fôlego, era quase impossível. Mais rápidas, ainda, eram as borboletinhas *vôo-de-jato*. Eu só conseguia apanhar uma *palheta-de-pintor*[9], uma *escurinha-de-rabo*[10] e outras *vôo-de-jato*[11], quando elas resolviam pousar em alguma flor. Quando pousavam no solo, continuavam muito ariscas. Em compensação, bastava colocar o bocal da rede diante de qualquer uma das espécies que eu chamava de *por-favor-me-pegue*[12,13], para que elas voassem para dentro do cone de filó.

Muitas borboletas de vôo rápido costumavam pousar na terra molhada das estradas para ficar tomando suco de lama rico em sais minerais. Entre essas *sentadoras-das-estradas* eu encontrava as *tigrinhas*[20], as *vanessas*[14], as *pavõezinhos-azuis*[15], as *marronzinhas-e-vermelhas*[21], as *oitenta-e-oito*[17], as *prateadas*[18] e as belíssimas *risco-azul*[19].

Com freqüência, eu escalava barrancos ou então subia nas árvores e sacudia galhos enormes, só para fazer despencar os insetos agarrados aos ramos. Foi assim que consegui capturar, de uma só vez, meia dúzia de

Acima:
12 Actinote sp.
ENVERGADURA: **6 CM**

13 Placidula euryanassa
ENVERGADURA: **6,5 CM**

Ao lado:
14 Vanessa brasiliensis
ENVERGADURA: **5 CM**

15 Junonia evarete
ENVERGADURA: **5 CM**

16 Vanessa brasiliensis (lado inferior)

17 Diaetria clymena
ENVERGADURA: **4,5 CM**

18 Eunica eburnea
ENVERGADURA: **5 CM**

19 Doxocopa laurentia
ENVERGADURA: **5 CM**

20 Adelpha sp.
ENVERGADURA: **5 CM**

21 Anartia amathea
ENVERGADURA: **5 CM**

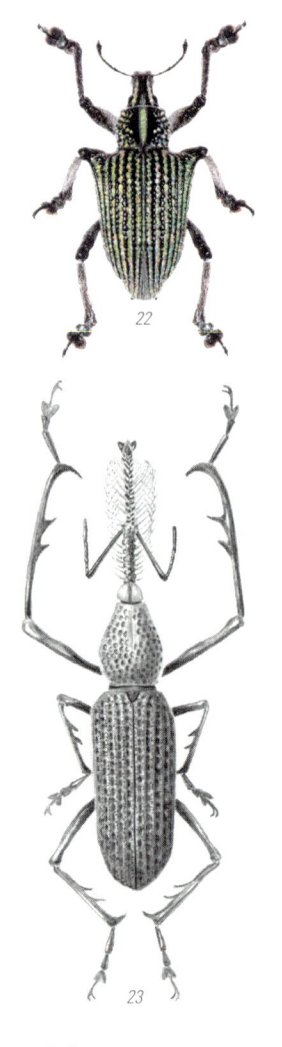

Acima:
22 Entimus imperialis
Comprimento: 2,5 cm

23 Rhina barbirostris
Comprimento: 3,5 cm

Abaixo:
24 Pseudolycaena marsyas
Envergadura: 4,5 cm

25 Arcas ducalis
Envergadura: 4 cm

gorgulhos *verde-dourados*[22] instalados nas folhas de uma paineira no Morumbi. Também costumava empurrar quase todas as pedras e troncos caídos que encontrasse pelo caminho, para procurar aranhas e besouros escondidos por debaixo.

Interessavam-me bastante os bichos que se desviavam de um padrão habitual, que apresentavam algo diferente de outros insetos do mesmo tipo. Por exemplo: *gorgulhos* eram, normalmente, besouros de corpo atarracado e tinham uma pequena tromba adiante da cabeça. Por isso, eu considerava como grande novidade qualquer gorgulho que tivesse corpo alongado e tromba mais comprida ou, então, um que não tivesse tromba nenhuma.

Meu maior troféu na caixa reservada para os gorgulhos era um tal de *Gorgulho-tromba-de-escova*[23]. Além de ser grande, ele tinha uma enorme tromba forrada de pêlos amarelados. Como se já não bastasse isso, suas patas dianteiras eram desproporcionalmente longas e providas de ganchos recurvados.

O maior ou menor valor dos insetos apanhados também dependia das dificuldades enfrentadas durante a caçada. Podiam ser considerados "valiosos" aqueles de vôo muito rápido ou muito alto, os que ficavam escondidos em buracos, os que haviam se tornado raros, os muito ariscos e também os mais delicados. Estes últimos podiam ser, por exemplo, a borboletinha *rabo-de-fita azulada*[24] ou a *rabo-de-fita furta-cor*[25], ambas providas de caudas muito finas e compridas, filamentos frágeis que se partiam ao menor esfregão nas malhas da rede. Capturar uma *rabo-de-fita* em perfeito estado era um verdadeiro triunfo.

Eu permanecia horas ao redor de uma certa "árvore das borboletas" cultivada no jardim da casa vizinha. Durante uma boa parte do ano suas flores atraíam um número incrível de insetos. Ali eu apanhava borboletas *asa-de-hélice* e – especialmente – as borboletas *rabudas*[32, 33], isto é, as que geralmente possuíam longas caudas em forma de gota ou de espada nas asas traseiras. Pois bem, a planta não era outra senão a minha antiga fornecedora de cabecinhas em miniatura, a Poinsétia ou Flor-de-papagaio. Nessa época, eu já não brincava de caçadores de cabeças. Meu novo interesse pela Poinsétia era outro. Ela atraía os mais variados insetos com suas glândulas produtoras de um néctar abundante, escondidas no interior daqueles "beicinhos". Graças aos generosos nectários da Poinsétia, capturei uma das mais raras e bonitas *rabudas*[26] que ainda voavam em alguns bairros de São Paulo. Também consegui apanhar as rapidíssimas *amarelonas*²⁸ enquanto se relambiam nas inflorescências da planta.

No bairro do Morumbi, as Poinsétias atraíam duas espécies de *verdonas*: a *verdona-comum*²⁹ e a, um pouco mais rara, *verdona-de-rabo*³⁰. Lá, suas flores também eram visitadas pelas *asas-de-hélice flamengas*²⁷ e pela *flamengona*³¹, por duas *rabudas-amarela-e-pretas* de tamanho médio: a de rabos compridos* e a de rabos bem curtos³⁴,³⁵.

Acima:
26 **Eurytides dolicaon**
ENVERGADURA: *8,5 CM*

Ao lado:
27 **Dione juno**
ENVERGADURA: *7,5 CM*

28 **Phoebis philea**
ENVERGADURA: *8 CM*

29 **Philaethria wernikei**
ENVERGADURA: *10 CM*

30 **Siproeta steneles**
ENVERGADURA: *9 CM*

31 **Dryadula phaetusa**
ENVERGADURA: *8 CM*

32 **Eraclides androgeus (macho)**
ENVERGADURA: *13 CM*

Ao lado:
33 **Heraclides androgeus (fêmea)**
ENVERGADURA: *14 CM*

34 **Heraclides hectorides**
ENVERGADURA: *7,5 CM*

35 **Battus polydamas**
ENVERGADURA: *9 CM*

Abaixo:
36 **Ortóptero da Família Proscopiidae**
COMPRIMENTO: *8CM*

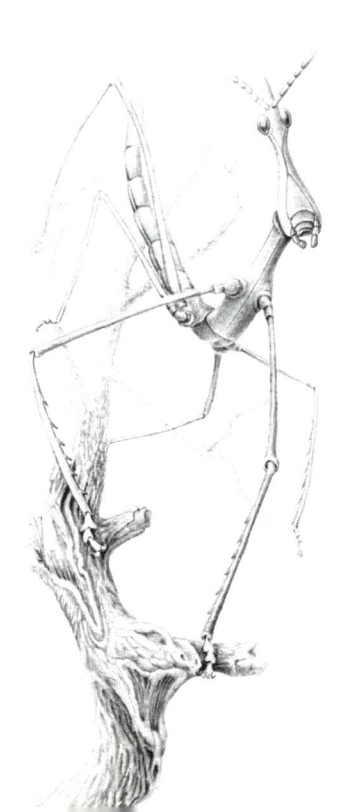

Maiores desafios eram criados pelos bichos camuflados. Quando conseguia descobrir, no meio da vegetação, os insetos que dispunham de um disfarce eficiente, tornando-se dificílimos de serem notados, sentia-me premiado. Eu selecionava esses insetos-troféu na categoria Disfarce. Hoje, eles me parecem especialmente destinados a demonstrar a oitava característica dos *duendes de seis patas*: "Seus corpos podem parecer envoltos por musgos ou folhas caídas". Em caixas separadas, eu guardava dezenas dessas preciosidades, classificadas como *gafanhotos-folha*, *percevejos-líquen*, *bichos-graveto* ou *cigarrinhas-espinho*. Depois de muito treino em descobrir insetos disfarçados de plantas, passei a enxergar todos os tipos de bichos e de outras figuras em galhos, troncos e folhas. Quando eram pequenas, eu recolhia algumas dessas peças e as levava para casa.

66

No meu bairro, eram muito comuns os "disfarçadíssimos" *taquarinhas-cara-de-gotas*[36] e os *gafanhotos-folha verde* ou *esperanças*, assim chamados por alguns dos moradores. Mais distante, no bairro do Morumbi, podiam ser encontrados vários tipos de *borboletas-folha*. Tive sorte de capturar, ali, a mais rara delas, a *folhona-pingo-de-prata*[37], que só ficava voando dentro da mata, e também as muito mais comuns: *folha-azul*[38], *folha-amarela*[40] e *folha-vermelha*[39,41], que costumavam pousar no barro úmido e arenoso das ruas não pavimentadas para ficar chupando suco de lama.

Ao lado:
[37] **Hypna clytemnestra**
ENVERGADURA: *8,5 CM*

[38] **Memphis morvus**
ENVERGADURA: *5,5 CM*

[39] **Memphis ryphea (fêmea)**
ENVERGADURA: *5,5 CM*

[40] **Zaretis itys (fêmea)**
ENVERGADURA: *7 CM*

[41] **Memphis ryphea (macho)**
ENVERGADURA: *5 CM*

42 *Pterourus scamander*
ENVERGADURA: 10CM

Abaixo:
43 *Bocydium globulare*
COMPRIMENTO: 5MM

44 *Spongophorus cinereus*
COMPRIMENTO: 4MM

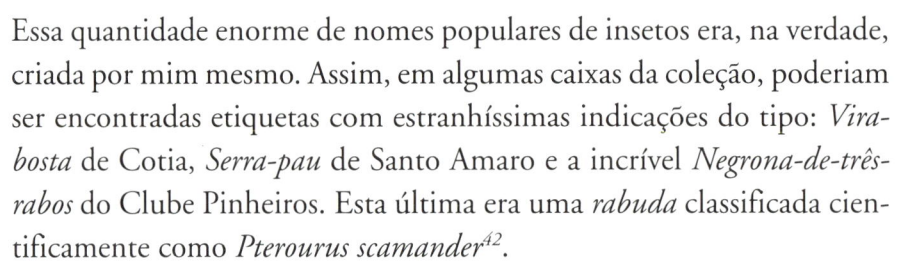

Essa quantidade enorme de nomes populares de insetos era, na verdade, criada por mim mesmo. Assim, em algumas caixas da coleção, poderiam ser encontradas etiquetas com estranhíssimas indicações do tipo: *Virabosta* de Cotia, *Serra-pau* de Santo Amaro e a incrível *Negrona-de-três-rabos* do Clube Pinheiros. Esta última era uma *rabuda* classificada cientificamente como *Pterourus scamander*[42].

Eu vivia fascinado pelos insetos que se pareciam com pedaços de plantas, mas também me encantava com outros que, ao contrário dos camuflados, chamavam muita atenção para si próprios. Pareciam anunciar justamente aquilo que não eram. Por exemplo: certas mariposas, besouros e percevejos tinham o aspecto de vespas; lagartas listradas caminhavam em fila, simulando uma cobra; cigarrinhas possuíam formas estranhíssimas[43,44] esculpidas em suas costas. Quase criei, especialmente para esses insetos, a categoria Exibicionismo. Sem dúvida, eram eles os melhores representantes da quinta característica dos *duendes de seis patas*: "São capazes de assumir aspectos muito estranhos, a ponto de superar nossa imaginação".

Geralmente, a ânsia de acumular o maior número possível daqueles pequeninos troféus não me dava tempo para observar os seus hábitos. Comportava-me como se houvesse assumido o solene compromisso de não deixar escapar nada, absolutamente nada que passasse ao alcance da rede.

Exausto, depois de um dia inteiro de exercícios puxados, tentando cumprir aquela minha determinação, voltava para casa com os potes e caixas quase sempre repletos de espécimes novos. Só então iniciava o longo e paciente trabalho de preparação e montagem de cada um deles. E precisava fazer tudo bem depressa, antes que ficassem rígidos, senão iriam parecer tortos quando já estivessem expostos na coleção.

Depois de acondicionados em caixas com tampas de vidro, os bichinhos deveriam ser olhados como autênticos troféus de caça, isto é, como belas, amedrontadoras ou curiosas criaturas seqüestradas na natureza e preservadas em pequenas vitrines.

No meu modo de pensar, a finalidade suprema de uma coleção de insetos deveria ser uma forma de exaltação à beleza, à raridade e à estranheza de cada um de seus exemplares. Só seria possível alcançar esse propósito se os espécimes fossem capturados em perfeito estado.

Havia um pequeno detalhe que jamais poderia ser esquecido ao prepará-los para a coleção: o de realçar a sua maravilhosa simetria bilateral. Cada par de antenas, de asas ou de patas precisava ser arrumado simetricamente para que eles ficassem espetados dentro das caixas com a melhor aparência possível, prontos para serem admirados. De ambos os lados do animal, patas e antenas deveriam ser fixadas em posições idênticas, valorizando sua preciosa simetria e também criando uma certa ordem na coleção. Isso me tomava um tempo enorme e, às vezes, o trabalho não parecia compensador.

Acostumei-me a principiar a tarefa pelos exemplares maiores e mais atraentes. Sabia que em poucas horas estaria cansado o bastante para sentir uma certa monotonia no trabalho, o que sempre acabava acontecendo no momento de cuidar das espécies menores e menos exuberantes. Com isso, aumentava o número de formigas, moscas, vespas e muitas outras criaturinhas "sem graça" abandonadas em caixas de papelão.

Ainda que bem conservados, na companhia perfumada de algumas bolotas de naftalina, aqueles insetos desprezados logo seriam esquecidos. O pequeno colecionador aproveitaria seus próximos momentos de folga para caçar mais e mais bichos. Era a danada da "fome", bem típica da "fase de lagarta", manifestando-se com toda a intensidade.

Numa das cartas-recordação, a imagem de um inseto integra a decoração de um troféu. O significado é o de que um inseto capturado tem o valor de um prêmio. Por atender a esse propósito, minha coleção de insetos permanecia no mesmo nível de qualquer coleção de caixas de fósforos, chaveiros ou figurinhas. Essa fase só iria ser superada quando eu começasse a estudar a biologia dos insetos e a obter outras formas de compensação bem mais interessantes do que o acúmulo de troféus.

Enquanto isso não acontecia, o destino dos insetos-troféu, caprichosamente eleitos e preparados para figurarem na coleção, seria bem mais nobre que o dos rejeitados. Meu critério de seleção dava prioridade aos maiores, aos mais coloridos, mas também distinguia os tais bichos que se desviavam de um padrão habitual, como aquele *gorgulho tromba de escova*.

O mesmo acontecia em relação às borboletas. A maioria demonstrava uma certa "borboletice" quanto ao formato, isto é, quase sempre apresentavam asas dianteiras triangulares e asas traseiras arredondadas. A simples presença de pequenas ou grandes caudas, em suas asas traseiras, já significava um desvio desse padrão; uma *folha-laranja de quatro rabos*[45] era um bom exemplo disso. A borboleta que mais se destacava pelo comprimento das caudas traseiras era uma *sentadora-das-estradas* que eu havia

Acima:
[45] **Marpesia petreus**
ENVERGADURA: 7 CM

[46] **Protesilaus protesilaus**
ENVERGADURA: 7 CM

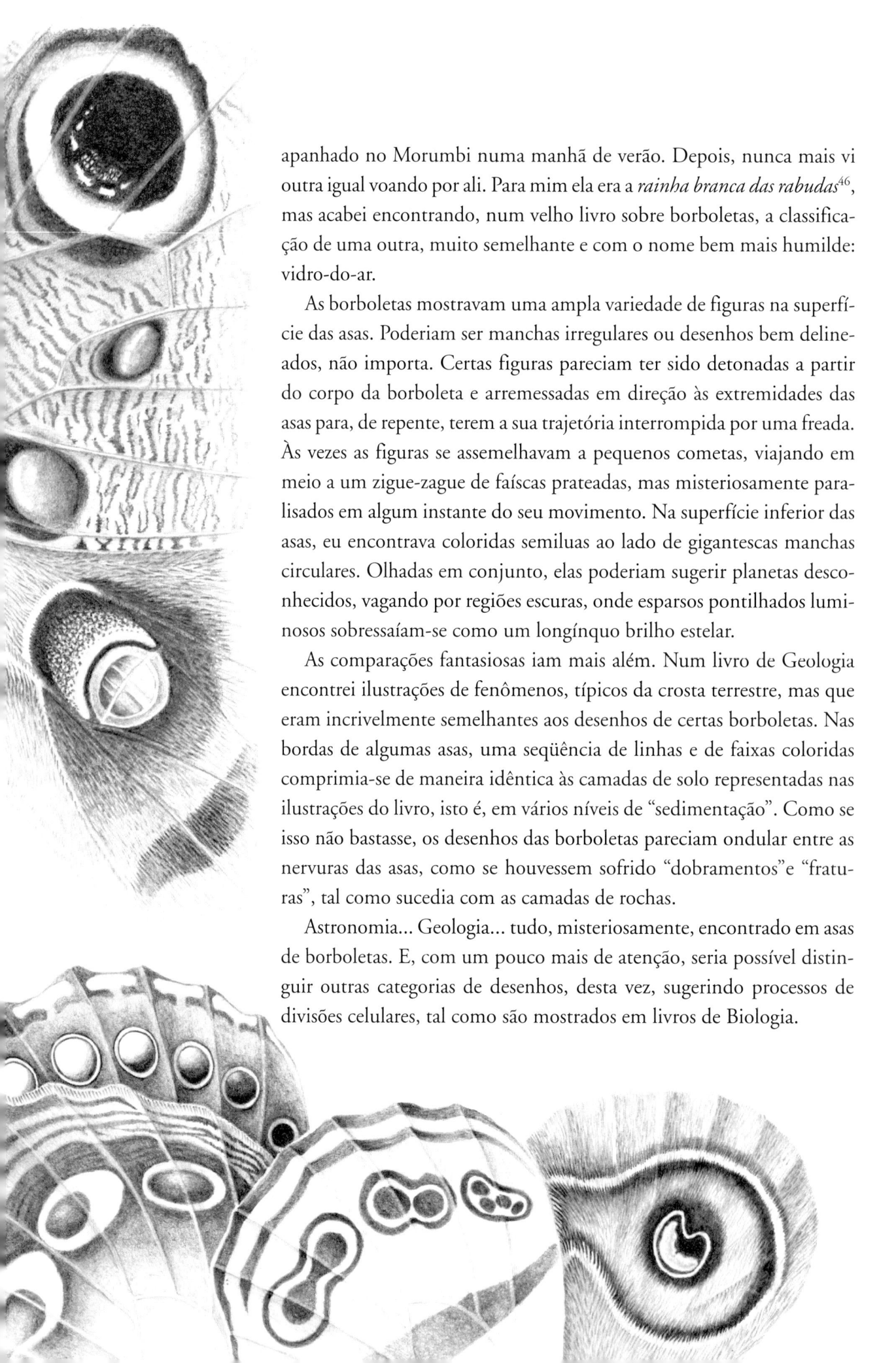

apanhado no Morumbi numa manhã de verão. Depois, nunca mais vi outra igual voando por ali. Para mim ela era a *rainha branca das rabudas*[46], mas acabei encontrando, num velho livro sobre borboletas, a classificação de uma outra, muito semelhante e com o nome bem mais humilde: vidro-do-ar.

As borboletas mostravam uma ampla variedade de figuras na superfície das asas. Poderiam ser manchas irregulares ou desenhos bem delineados, não importa. Certas figuras pareciam ter sido detonadas a partir do corpo da borboleta e arremessadas em direção às extremidades das asas para, de repente, terem a sua trajetória interrompida por uma freada. Às vezes as figuras se assemelhavam a pequenos cometas, viajando em meio a um zigue-zague de faíscas prateadas, mas misteriosamente paralisados em algum instante do seu movimento. Na superfície inferior das asas, eu encontrava coloridas semiluas ao lado de gigantescas manchas circulares. Olhadas em conjunto, elas poderiam sugerir planetas desconhecidos, vagando por regiões escuras, onde esparsos pontilhados luminosos sobressaíam-se como um longínquo brilho estelar.

As comparações fantasiosas iam mais além. Num livro de Geologia encontrei ilustrações de fenômenos, típicos da crosta terrestre, mas que eram incrivelmente semelhantes aos desenhos de certas borboletas. Nas bordas de algumas asas, uma seqüência de linhas e de faixas coloridas comprimia-se de maneira idêntica às camadas de solo representadas nas ilustrações do livro, isto é, em vários níveis de "sedimentação". Como se isso não bastasse, os desenhos das borboletas pareciam ondular entre as nervuras das asas, como se houvessem sofrido "dobramentos" e "fraturas", tal como sucedia com as camadas de rochas.

Astronomia... Geologia... tudo, misteriosamente, encontrado em asas de borboletas. E, com um pouco mais de atenção, seria possível distinguir outras categorias de desenhos, desta vez, sugerindo processos de divisões celulares, tal como são mostrados em livros de Biologia.

Minha enorme lista de imagens encontradas em asas ainda contava com a participação de letras e números. Entre algumas borboletas era comum a presença dos números 88, 80 ou 00. Essa variedade de desenhos parecia interminável e possibilitava um interessantíssimo conjunto de observações. Era algo que um colecionador de borboletas poderia compartilhar com muitas pessoas. Sim, caso desejasse arriscar-se a ser considerado, além de boboca e fresco... também maluco! Por isso, achei mais prudente dirigir meus entusiásticos comentários para as formas e desenhos encontradas no, muito mais conveniente, mundo dos besouros.

A decisão foi acertada, mas por outro motivo. As cores e os desenhos só podiam se expandir em superfícies planas sobre as asas das borboletas. Porém, sobre as carapaças dos besouros, as cores ganhavam... volumes! Contrariando aquela esperada aparência de azeitona achatada e com monótonas tonalidades de castanho, muitos dos besouros capturados pareciam verdadeiras esculturas e, ainda por cima, possuíam belos desenhos coloridos. Esses insetos me pareciam muito mais liberados da sua "besourice" do que as borboletas, em relação à sua "borboletice".

Foi devido a essa notável variação de formas dos besouros que acabei apanhando um escaravelho tão impressionante quanto o Escarabídeo *fanaêus* – e com três chifres! A sua grande armação cornuda, sobre a cabeça, parecia-se com a de um gigantesco réptil pré-histórico, o *Triceratops*, apresentado numa matéria jornalística sobre dinossauros. O ilustrador do artigo havia pintado um *Triceratops* defendendo-se de um terrível *Tyranossaurus rex* e tentando furar, com seus chifres, a barriga do agressor.

A ligeira semelhança entre a couraça dianteira do *Triceratops* e a do besouro recém-capturado impressionou-me bastante. Senti-me um autêntico descobridor de um inseto com design pré-histórico e resolvi classificá-lo "cientificamente". Por se tratar de um besouro do tipo chifrudo, batizei-o de Escarabídeo e, devido à semelhança com aquele dinossauro, seu nome completo ficou sendo: *Escarabídeo triceratops*.

Na página oposta, acima: Planetas e cometas encontrados em asas de borboletas.
Abaixo: na seqüência das quatro asas, aparecem as fases da lua, óvulos em desenvolvimento, divisões celulares e útero com embrião.

Nesta página: Asas com dobramentos da crosta terrestre, estratificações do solo, estalagmites e estalactites ainda gotejantes.

Feliz da vida, com o besouro já espetado numa das caixas, passei a desenhá-lo em lutas contra outros insetos que também tivessem uma certa aparência pré-histórica. Um dos que mais se adaptava ao papel de adversário do *Escarabídeo triceratops* era o grande louva-a-deus esverdeado, um bicho bem comum nos arbustos floridos do Jardim Paulistano. Era também o único inseto que se mantinha na posição vertical, apoiando-se nas patas traseiras e erguendo o par dianteiro, tal como o tiranossauro. Além disso, ele oferecia um grande abdome desprotegido e vulnerável, algo indispensável para poder receber as eventuais chifradas desferidas pelo *Escarabídeo triceratops*.

Algum tempo depois, comparando a foto de um besouro com o desenho de um enorme mamífero pré-histórico, o uintatério, encontrei outra incrível semelhança de formas entre as cabeças dos dois animais. Desde então, aquele estranhíssimo *escaravelho-uintatério* passou a ocupar o topo da minha longa lista de Insetos Procurados. Isso era apenas uma fantasia de minha parte, pois o bicho vivia do outro lado do Atlântico, nas florestas sombrias da África Equatorial.

O grande combate entre o Escarabídeo triceratops e o Louva-a-Deus tiranossauro.

Na página oposta, ao alto:
O escaravelho-uintatério (Goliathus giganteus – Comprimento: 7 cm) e o animal pré-histórico uintatério.

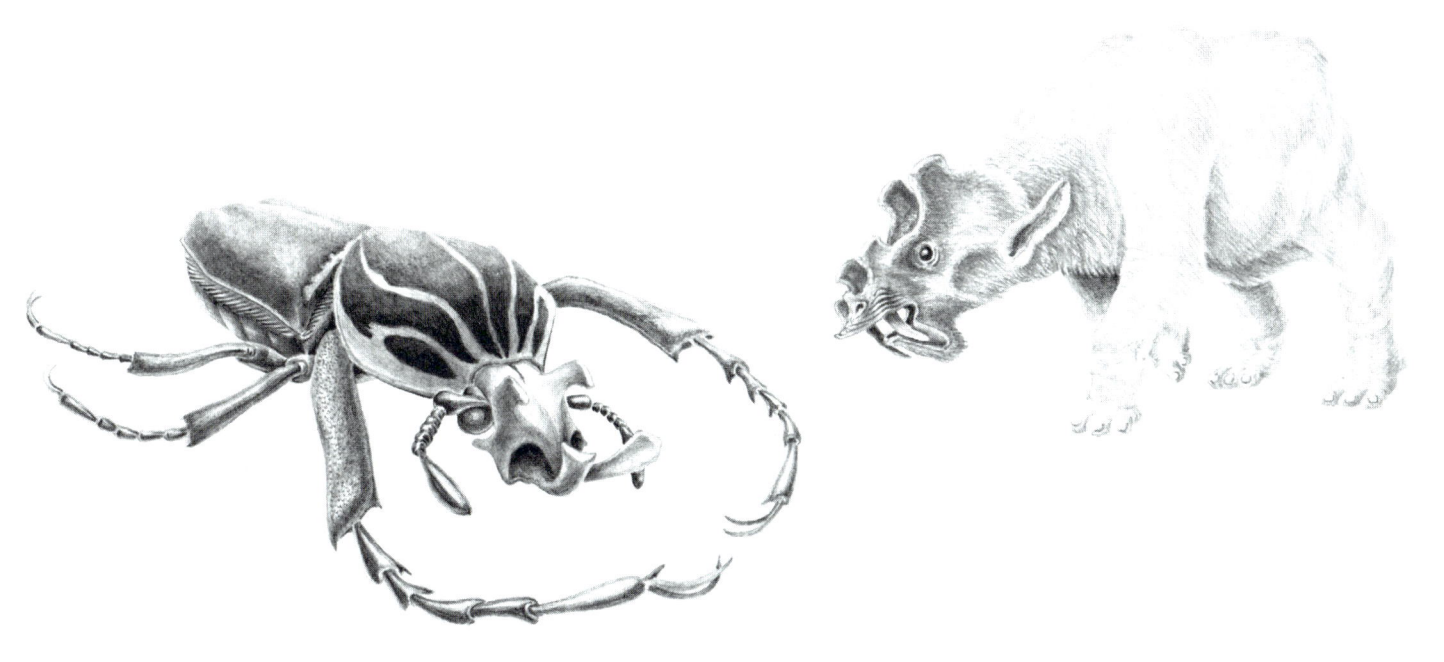

Super-herói barbudo

Por um bom tempo, tive que me conformar com a simples contemplação dos superinsetos em ilustrações de livros e continuar sonhando em caçá-los.

Nessa época, eu começava a ler as aventuras de um famoso caçador-colecionador de insetos, um grande aventureiro que vivia na França. O título do livro era *Mes chasses aux papillons* (*Minhas caçadas às borboletas*) escrito por um tal de Eugène Le Moult. A obra não havia sido traduzida e acabei lendo suas quase quatrocentas páginas com a ajuda de minha avó que dominava perfeitamente o idioma.

Depois de algumas semanas, a leitura começou a surtir efeitos. Dei início a uma profunda reforma nas duas mansardas onde eu instalara a minha coleção de insetos. As paredes ficaram revestidas com mapas e fotos de paisagens brasileiras, publicadas em revistas. Uma grande quantidade de vidros, frascos, tubos de ensaio e caixas vazias de todos os tamanhos foram dispostos nas prateleiras. Meus pais acompanhavam atenta e silenciosamente minhas inesperadas atividades de decorador, sem perguntar nada. Ninguém iria adivinhar que tudo aquilo não passava de uma imitação do aconchegante estúdio do colecionador francês, mostrado numa das fotografias do livro.

A construção do novo cenário estaria relativamente fiel ao *cabinet entomologique* (gabinete entomológico) de Le Moult, não fosse pela pouquíssima quantidade de livros sobre insetos, dispostos nas prateleiras. Passei então a me preocupar com a única solução para o problema: um aumento urgente na minha mesada!

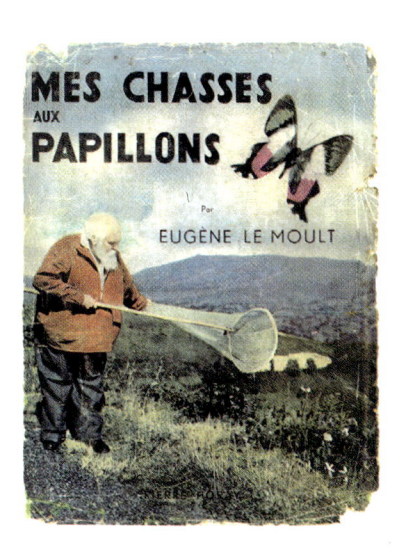

Arranjar algum dinheiro com meu pai não era tarefa difícil, desde que os argumentos apresentados fossem convincentes. O grande obstáculo – e que iria dificultar o diálogo entre nós – era outro. Tinha certeza de que ele agiria de uma maneira maliciosa e faria a conversa desembocar num questionário infernal sobre coisas mesquinhas e insignificantes, tais como notas de escola e bom comportamento. Desconfiei que aquele momento seria, como sempre, desfavorável às nossas negociações. O projeto de ampliação da biblioteca deveria ser adiado por alguns meses. Com muita paciência, aguardei a época das férias escolares. Era quando meu pai costumava se esquecer daqueles assuntos inconvenientes e, portanto, tornava-se mais sensível para com os meus problemas financeiros. Essa estratégia funcionou com perfeição. Enquanto passeávamos pelo Rio de Janeiro, ele me levou a um comerciante de livros usados e gastou o suficiente para que eu saísse de lá com uma pilha de velharias de quase um metro de altura.

Assim que voltei a São Paulo, muito satisfeito, acomodei a livrada nas estantes. Em seguida, recomecei minhas caçadas de insetos com tanta dedicação, que meus pais logo notaram radicais modificações no meu comportamento. Pela primeira vez, me viam planejar antecipadamente o local, o horário da caçada e, principalmente, escolher o material mais adequado à captura de um determinado tipo de inseto. Mas, por outro lado, começaram a ficar preocupados com os meus novos hábitos alimentares. Nossa empregada contou-lhes que eu carregava para o quarto as frutas já passadas e que iam ser jogadas no lixo. Pouco depois, eles foram informados por um comerciante do bairro que eu costumava passar em seu estabelecimento para pedir frutas estragadas. Mas os dois só ficaram realmente alarmados quando me viram entrando em casa com um cacho de bananas podres, pendurado numa das mãos, enquanto carregava, na outra, uma garrafa de rum! Tive que ir correndo pegar o livro do colecionador francês para convencê-los de que a bebida e as frutas eram ingredientes indispensáveis para atrair insetos raros. Por fim, eles compreenderam que eu pretendia testar os resultados de algumas receitas aprendidas com um mestre na culinária dos insetos. E, além do mais, eram receitas francesas.

Com o passar do tempo, acabei substituindo o rum pela cachaça, muito mais barata, e descobri uma borboleta alcoólatra! Era uma tal de *zebrinha*[47], muito difícil de pegar quando estava sóbria porque seu vôo era extremamente rápido. As *zebrinhas* costumavam voar nas partes mais altas do Morumbi, eu as caçava sobre as colinas onde hoje existe o Clube Paineiras. Talvez elas ainda passem por lá... para tomar uns chopes.

Quando folheava o livro de Le Moult, à procura de outras iscas para insetos, eu encontrava motivação de sobra para continuar a caçar e a tentar obter sucesso com a minha coleção; para enveredar pelas mais temíveis regiões do planeta à procura dos besouros e das borboletas que me trariam fama e fortuna.

Afinal, ainda estava na idade de imaginar-me em situações impossíveis, vivenciando as mais absurdas peripécias. Em resumo, sentia-me como um forte candidato a representar a versão brasileira de Eugène Le Moult e a me transformar num autêntico super-herói.

Meu fascínio pelo mundo dos insetos me distanciava bastante de outros garotos da minha idade, mas não me impedia de compartilhar com eles uma grande admiração pelos super-heróis do cinema americano e das histórias em quadrinhos.

Mesmo assim, tornara-me um incondicional admirador de alguém que jamais poderia servir como um modelo clássico de super-herói. Ele era velho, gorducho, com uma enorme barba branca; se não fosse um pouco calvo, seria a própria imagem do Papai Noel. Não praticava artes marciais e não matava ninguém, não era espião, soldado ou caubói. Também não era um grande cientista ou filósofo.

Eugène Le Moult significava para mim algo como um rei. Ele era o senhor absoluto de um mundo encantado, povoado por maravilhosos insetos. Em outras palavras, para o meu pequeno conhecimento do mundo da Entomologia*, ele era o mais famoso colecionador de insetos daquela época e o autor do livro que eu vivia folheando.

Bem no começo do Século XX, o intrépido barbudo vivera se embrenhando nas florestas da Guiana Francesa, atrás de borboletas e de outros insetos, até conseguir formar uma das maiores coleções particulares do mundo. Mas o francês não caçava sozinho. Para apanhar suas raridades, Le Moult aprendera a contar com a perigosa colaboração de ladrões e de assassinos que viviam presos numa isolada colônia penal, bem no meio da selva. Em troca de algumas garrafas de bebida e de maços de cigarros, ele recebia das mãos dos presidiários os insetos mais difíceis de caçar. Eram bichos que só podiam ser apanhados por aqueles que penetravam nos lugares mais perigosos da floresta, quando obrigados a fazer os piores tipos de trabalho para a colônia penal.

47 *Colobura dirce*
ENVERGADURA: 6 CM
A borboleta que trocava qualquer uma das poções mágicas por um pouco de cachaça. Lados superior e inferior das asas.

* Ciência que estuda os insetos

Eugène Le Moult viveu grandes aventuras e viajou por regiões pouco conhecidas na época. Depois de muitas peripécias, tornou-se um respeitado especialista em insetos e conseguiu acumular uma verdadeira fortuna, vendendo raridades para muitos museus e para colecionadores particulares de todo o mundo. Aliás, apostaria que as aventuras de Le Moult na colônia penal da Guiana Francesa influenciaram a vida de um homem que viveu no mesmo local, alguns anos mais tarde. Ele era um tal de Henri Charrièrre, outro francês que ficou famoso depois de passar uns tempos na Guiana. Mas o caso deste último foi bem diferente. Seu sucesso foi devido a um livro intitulado *"Papillon"* ("Borboleta"), onde ele relatou suas aventuras nas selvas da Guiana, caçando borboletas por uma questão de sobrevivência, mas como prisioneiro daquela colônia penal. Provavelmente, a moda de fazer os detentos capturarem borboletas deve ter sido lançada ali por Le Moult, vários anos antes. Aliás, quem pegou nas locadoras o filme *Papillon*, baseado no livro de Charrièrre, ainda deve se lembrar dos atores Dustin Hoffman e Steve McQueen empunhando redinhas de filó para apanharem as valiosas borboletas azuis.

Representado como rei de um baralho, exibindo o símbolo do Super Homem, usando o chapéu do Indiana Jones e carregando uma rede de pegar borboletas, a imagem do Eugène Le Moult parece transformada numa fantasia ridícula na minha carta-recordação. Porém foi esta a maneira que encontrei para ilustrar os diferentes motivos da minha admiração pelo colecionador francês. Le Moult, o super-herói barbudo, o aventureiro das selvas da Guiana, o rei dos caçadores-colecionadores de insetos de todo o mundo.

Morpho menelaus guyannensis
ENVERGADURA: *12 CM*
Espécie encontrada na Guiana Francesa, descoberta e descrita por Le Moult

Poção mágica

Se, por alguma razão, não foi Le Moult que influenciou o destino de Charrièrre, ele transtornou o meu e de uma maneira radical. Creio que logo teria desistido de tudo, se não tivesse me inspirado nas páginas de seu livro e imaginado um futuro brilhante para quem ousasse seguir a espetacular "carreira" de caçador-colecionador-comerciante de insetos. Afinal, Le Moult demonstrava que os insetos podiam – mesmo – proporcionar riquezas e prazeres; exatamente o que consta na terceira característica dos *duendes de seis patas*, descrita no começo deste livro. E não seria preciso criar abelhas ou bichos-da-seda para ganhar dinheiro com eles. Bastaria pegar a rede de filó e sair atrás das raridades que cruzassem o meu caminho.

Depois de decorar trechos inteiros daquele "*Mes chasses aux papillons*" comecei a me preparar, secretamente, para seguir os passos do bem sucedido Le Moult. Tinha a certeza de que, em poucos anos, iria acumular uma grande quantidade de insetos raros para vender aos colecionadores de todo o mundo e tornar-me riquíssimo. A partir de então, viajaria por todas as selvas do planeta à procura de exemplares cada vez mais raros.

Pensando bem, até que não demorou muito para acontecer a minha primeira grande aventura numa caçada de insetos. Aliás, tudo se passou num local privilegiado, num cenário ideal para uma história recheada de fortes emoções. Tratava-se de um misterioso bosque sombrio, habitado por uma irascível matilha de cães, animais que uivavam repetidamente durante as madrugadas. Seus donos gozavam da estranha fama de "comedores de gatos" e escondiam-se no interior do bosque. Lá dentro, eles viviam protegidos por enormes ratazanas, por um pequeno grupo de morcegos e por um insuportável mau cheiro, capaz de afugentar qualquer intruso.

Pois foi bem no meio daquele lugar amedrontador que, um dia, encontrei uma pequena preciosidade para a minha coleção. Ali, também descobri o incrível poder de uma certa "poção mágica" capaz de atrair insetos de rara beleza. Na verdade, o misterioso bosque sombrio desenvolvia-se dentro de um terreno de trinta metros por sessenta, acomodado numa ruela que desembocava quase em frente à minha casa. Mas o pequeno local significava, para mim, um território desconhecido e bem promissor para captura de insetos estranhos, de bichos arredios que só poderiam ser apanhados ali.

Quanto aos mistérios... Bem, estes ficavam por conta do estranho casal que habitava o interior daquela pequena amostra de floresta.

Era uma dupla esquisita mesmo. Ele, uma criatura magra, baixinha e parda, com beiços enormes e orelhas de abano. Seu nome era Armando. Maltrapilho e sempre bêbado, ele era um recolhedor de velharias que vagava pelo bairro com uma carroça atrelada ao corpo, sempre acompanhado por uma dúzia de vira-latas.

A companheira do Armando, sim, é que era um verdadeiro mistério. Negra, gorducha, desdentada, sempre de cara zangada, Catarina vivia meio escondida e corriam histórias muito estranhas a seu respeito. É evidente que ela metia medo nas crianças do bairro, mas para mim, o seu grande defeito era o de quase não sair do barraco construído lá naquela matinha, de ficar patrulhando o local onde eu mais desejava caçar insetos.

Um dia, voltando para casa com meus pais, encontramos a Catarina dormindo numa calçada a uns poucos quarteirões de distância da nossa rua. Enfim, era o sinal verde que eu tanto havia esperado para poder marchar confiante sobre o território do Armando. Mal entrei em casa, apanhei o material de captura, disposto a fazer um rápido reconhecimento da área e já caçar alguns dos bichos que deviam viver por ali.

Logo depois de transpor o primeiro grupo de árvores, alcancei um matagal mais cerrado e sombrio, impregnado de um terrível mau cheiro. Prossegui através de um emaranhado de arbustos retorcidos, sempre acompanhado por um zumbido contínuo e monótono, entoado por moscas coloridas. Elas se aglomeravam em pequenas nuvens ao meu redor enquanto o fedor aumentava, parecendo denunciar a proximidade de um cadáver em decomposição. Subitamente, lembrei-me de que a dupla de mendigos tornara-se apreciadora de churrasquinhos feitos com carne de gatos e que a Catarina era acusada de já ter comido alguns cachorros do Armando. Mas em vez de encontrar restos de gatos ou de cachorros, dei de cara com um grande amontoado de cocô. Sem perceber, tinha ido parar bem em cima de um típico "banheiro ecológico". Era dali que o distinto casal, com sua arrojada atitude de defecar ao ar livre, acabava empestando os ares de toda a vizinhança.

Pode parecer anedota, mas por uma incrível ironia a pequenina rua (que na época ainda não tinha placa), habitada por Armando e Catarina, viria a ser batizada com o nome de... Aires do Casal!

Apesar de tudo, foi naquele ambiente desagradável da minúscula clareira que me deparei com uma bela e rara borboleta, confortavelmente instalada num montinho de excrementos; uma espécie que eu jamais imaginaria encontrar tão perto de casa e, muito menos, daquela maneira.

Suas asas eram negras, cortadas de alto a baixo por duas faixas azul-metálicas. A borboleta tinha uns dez centímetros de envergadura e pousava com as asas fechadas, mostrando apenas um suave desenho com tonalidades castanho claras na face inferior das quatro asas. Logo depois, vendo sua foto num dos meus livros, eu iria chamá-la de *prepona azul*[48]

Ao lado:
48 Archaeoprepona demophon
ENVERGADURA: *10 cm*
A degustadora de porcarias da Rua Aires de Casal.

Abaixo:
49 Hamaryas amphinome
ENVERGADURA: *7,5 cm*

50 Hamadryas fornax
ENVERGADURA: *7,5 cm*
Duas estaladeiras que se escondiam no bosque sombrio e que, com seus ruídos, conseguiam assustar passarinhos.

e descobriria que a danada era uma grande sugadora de excrementos, urina, frutas podres, comidas estragadas e até de líquidos que escorriam dos corpos dos animais em decomposição.

Foi fácil capturá-la. Apliquei-lhe um certeiro golpe vertical com a rede e segurei-a entre os dedos através do filó que, nesse momento, encontrava-se totalmente lambuzado pela fediríssima "comida de prepona". Em seguida, corri para casa antes que a Catarina retornasse aos seus domínios. Percorri todo o trajeto sem conseguir tirar os olhos de cima do meu pequeno troféu e tentando ignorar a sujeira que o envolvia.

É claro que continuei a rondar diariamente aquela clareira mal cheirosa. Agachava-me por longos períodos junto ao amontoado de dejetos, na esperança de surpreender novas *preponas azuis*. Mas os dias foram passando sem que aparecesse mais nenhuma. Mesmo assim, consegui pegar duas espécies de borboletas que costumavam pousar sobre os troncos das árvores, de asas estendidas e de cabeça para baixo. Eram bastante agressivas e assustavam os passarinhos, voando diretamente sobre eles. Às vezes, produziam uma série de estalos durante o vôo e, por isso, eu as chamava de *estaladeira-cinzenta*[50] e *estaladeira-vermelha*[49]. Uma arisca *sentadora-de-estrada de rabo curto*[51] também foi apanhada perto da clareira.

51 Hypanartia lethe
ENVERGADURA: 5,5 CM

Naquela ocasião, as traduções com minha avó já alcançavam a página 90 do livro de Le Moult. Ali, um pequeno parágrafo continha uma revelação que iria me deixar perplexo. Cinqüenta anos antes de eu descobrir o alimento predileto das *preponas* no banheiro do Armando, o danado do francês já tinha cansado de fazer suas necessidades nos matos da Guiana, como método de provocar o apetite dos insetos mais "exigentes". Graças a sua estratégia lambuzenta, ele havia capturado dezenas de interessantíssimos bichinhos degustadores de fezes. E, entre eles, nada menos do que um parente do meu cobiçado Escarabídeo *"fanaêus"*!

Ao ler aquilo, fui tomado por uma sensação indescritível... um verdadeiro êxtase. Reacenderam-se as minhas esperanças de agarrar o Escarabídeo e com redobrada intensidade. Pouco faltou para que eu agradecesse a Deus por ter me proporcionado o encontro com o "banheiro ecológico" do Armando e da Catarina. Afinal, quem contasse com uma dupla fazedora de cocô, tão competente como aquela, nem precisaria se preocupar com vacas ou cavalos para atrair o besouro. A partir de então, com ou sem a presença ameaçadora da Catarina, o terreno da Rua Aires do Casal tornou-se uma pequenina "terra da promissão" para mim.

Mas, infelizmente, logo precisei abandonar as visitações ao local. Várias empregadas haviam observado minha assiduidade naquele terreno e já deveriam estar comentando com os respectivos patrões, velhos conhecidos de meus pais, o estranhíssimo interesse que eu demonstrava em relação às fezes dos mendigos. Antes que começassem a correr boatos, anunciando o surpreendente retorno do "vira-bostas do Jardim Paulistano", decidi pôr em prática meus incompreendidos métodos de caça em lugares mais discretos.

Na mesma semana, e sem que ninguém entendesse a razão, comecei a recolher as latinhas de manteiga vazias, guardadas pela empregada. Debaixo do mais cuidadoso sigilo, passei a recheá-las com "comida de prepona feita-em-casa", misturada com pasta de frutas podres e regadas com rum. Eu empilhava e amarrava as latinhas ao bagageiro da minha bicicleta, tal como se fossem pequenas marmitas e, em seguida transportava-as diretamente para as matas do Morumbi.

Passei a agir de acordo com os preciosos ensinamentos de Le Moult, um verdadeiro especialista naquele delicado assunto. Largava minhas latinhas abertas com seus poderosos coquetéis de dejetos, perfumando suavemente os locais sombreados e mais protegidos dos ventos. De preferência, elas eram colocadas em pequenas clareiras, abertas por praticantes de umbanda. Aquelas "poções mágicas" iriam produzir seu efeito lá no meio da mata, na companhia dos santos de cerâmica, das velas acesas e das galinhas sacrificadas em pratos de barro.

Aproveitando o misticismo do ambiente, eu rezava para que os mais assombrosos insetos fossem despertados pelo penetrante aroma e emergissem do interior da floresta, atraídos como que por encanto.

Nunca pude saber se os santos colaboravam de alguma maneira, mas a "comida de *prepona*" misturada com salada de frutas podres "ao rum" demonstrou um incrível poder. Graças a ela, consegui pegar a *fantasminha-laranja-e-cinza*,[52] uma borboleta que esvoaçava rente ao chão nos locais mais sombrios da mata e que desaparecia com incrível facilidade por entre os galhos caídos.

Na carta-recordação, uma taça dourada representa o recipiente apropriado para guardar uma poção mágica capaz de atrair a belíssima prepona do bosque sombrio. Para mim a imagem é perfeita, mas a fedorenta substância que atraía a borboleta não tinha nada de mágica e era guardada em latinhas usadas.

Com o passar do tempo, as "poções mágicas" também se revelaram como iscas excelentes para outros tipos de borboletas e de insetos que eu nem imaginava existir naquelas matas. Pareciam bichos saídos do livro do Le Moult, dignos de serem encontrados nas selvas da Guiana, da Nova Guiné ou da África, enfim, nos lugares onde realmente gostaria de caçar insetos.

Noiva invisível

Ainda que vivesse sonhando com caçadas em lugares distantes, minha maior emoção de colecionador de insetos não aconteceu em nenhum país exótico, como sempre desejara, mas em pleno centro da cidade de São Paulo, quando voltava de um dentista. Eu acabara de enfrentar com muita valentia a aterradora broca do Dr. Santiago e atravessava, com minha mãe, os jardins da Biblioteca Municipal para ganhar um merecido sorvete na Avenida São Luiz.

Íamos, lado a lado, aproveitando as sombras das árvores na tarde quente de início de ano. De repente, parei com os olhos arregalados, como se

52 *Pierella nereis*
ENVERGADURA: *7,5* CM

estivesse diante de uma assombração. Sem conseguir explicar o que estava vendo, permaneci apontando para o tronco de uma das árvores. Minha mãe logo começou a procurar por algum bichinho minúsculo, daqueles que só eu mesmo era capaz de achar, mas não enxergou nada de diferente na direção indicada.

Não, não se tratava de nenhum bichinho minúsculo. Ali naquela árvore, poucos metros à nossa frente, encontrava-se a maior borboleta noturna do mundo com suas gigantescas e claríssimas asas abertas, contrastando com a cor escura do tronco.

Pousada sobre a casca da árvore, o inseto descansava os seus quase trinta centímetros de envergadura no sentido vertical do tronco. Naquela posição, sua silhueta dificilmente seria reconhecida como a de uma mariposa. Não era de estranhar a dificuldade de minha mãe para visualizar o bicho. Se a mariposa não houvesse pousado assim, mais da metade das suas asas dianteiras ficariam em destaque, para fora do tronco, porque o diâmetro da árvore não seria suficiente para acomodá-la.

Na carta-recordação eu criei um exercício visual do tipo que os artistas reconhecem como figura/fundo. Minha intenção foi a de demonstrar, ainda que de uma maneira simplificada, a dificuldade de alguém descobrir a silhueta de uma grande mariposa, pousada em sentido vertical, num lugar onde não se espera encontrar nada além de um tronco de

*53 **Thysania agrippina***
em tamanho natural

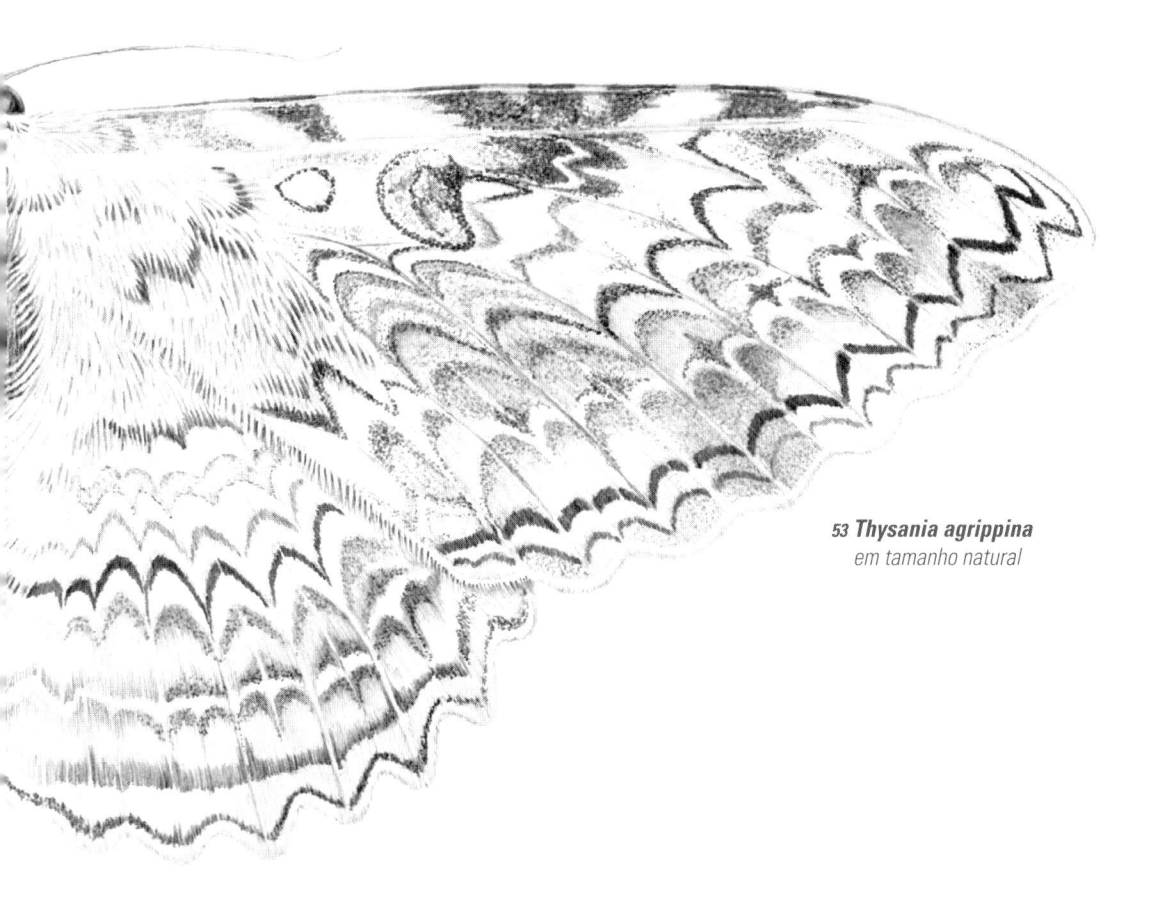

árvore. Por isso as silhuetas de duas mariposas estão, de certa maneira, "ausentes" no desenho da casca de uma árvore. Mas no momento em que elas são descobertas, a situação quase se inverte. Vemos duas mariposas negras, uma de costas para a outra e quase "esquecemos" os recortes do tronco.

Na verdade, as magníficas asas esbranquiçadas daquela mariposa gigante eram percorridas por uma quantidade de linhas sinuosas de um cinzento-escuro, dando-lhes a aparência de um tecido rendado. Esse delicado padrão de desenhos tornara-a conhecida entre alguns caçadores de insetos pelo nome de noiva[53]. Outros, mais impressionados pelo tamanho das asas, chamavam-na de mariposa-imperador. De qualquer forma, para capturá-la naquela situação, seria necessário empregar o velho e brutal método de matar borboletas, isto é, pressionar suas costas de encontro à árvore com o dedo indicador, esperar que o inseto erguesse as asas para, logo em seguida, pinçar fortemente as partes laterais de seu corpo com os dedos da outra mão.

Meu dedo indicador, já em riste, tremia de hesitação a pouco mais de um centímetro das costas peludas da noiva. Receava estragar, com a pressão do dedo, aquele tufo de pelos que tão bem se harmonizava com os desenhos das asas. Sabia também que se fizesse o movimento final de maneira errada, o dedo resvalaria sobre o dorso da mariposa, sua frágil pelagem se soltaria e o animal escaparia de uma só arrancada devido à forte musculatura propulsora das asas. Mas tudo deu certo. Numa fração de segundo, já segurava com as mãos ainda trêmulas uma *Thysania agrippina*, a mariposa com a maior envergadura de asas de todo o mundo!

A inesperada caçada terminara e o pequeno caçador saíra vitorioso. Em seguida, compramos um grande envelope para acomodar o inseto com as asas fechadas e voltamos para casa, onde o troféu seria devidamente preparado e, depois, acondicionado com todas as honras numa caixa especial.

Pela primeira vez, eu experimentava uma secreta sensação de triunfo por ter capturado um superinseto. A grande mariposa passou a ser exibida, não só para os meus amigos, mas para quase todas as visitas. E quando meus pais resolviam mostrá-la para seus convidados, pareciam mais entusiasmados que eu. Entretanto, não me conformava com o fato de ter capturado uma mariposa tão espetacular, num cenário tão pouco adequado como aquele dos acanhados jardins da Biblioteca Municipal. Para mim, ela deveria ter sido apanhada na longínqua selva amazônica ou, pelo menos, no interior da Mata Atlântica que recobria grandes trechos da região serrana, entre São Paulo e o litoral do estado.

Não demorou muito e acabei mentindo para uns amigos de meus pais, dizendo que havia caçado o bicho na Serra do Mar, no meio da Mata Atlântica. Mal podia imaginar que, momentos mais tarde, a verdadeira história da mariposa seria comentada por minha mãe durante o jantar. Ela não sabia o que eu acabara de contar e a sua versão do acontecimento revelou a minha grande mentira. No dia seguinte, envergonhado, enfiei uma etiqueta em baixo do corpo da mariposa onde se lia: Jardim da Biblioteca Municipal (Pça. D. José Gaspar) – São Paulo – Capital. Só para não cair na tentação de mentir outra vez.

Muitos anos se passaram até que eu encontrasse uma explicação bem interessante sobre a minha pequena aventura com a mariposa. Poderia parecer incrível, mas havia apanhado a *Thysania agrippina* numa área bem próxima à Mata Atlântica. A razão era fácil de entender. Desde os anos quarenta, a cidade de São Paulo passava por um vigoroso crescimento, mas continuava rodeada por grandes manchas de florestas tropicais a poucos quilômetros do centro. Assim, a cidade em que eu morava poderia ser vista como uma ocupação urbana, espalhando-se por uma imensa clareira que não parava de crescer. Sim, uma clareira que, há séculos, vinha sendo aberta bem junto à Mata Atlântica.

Naquela época, as garoas, os frios bem úmidos dos invernos, as densas neblinas que chegavam com o entardecer e que recobriam rapidamente os bairros da capital, eram a maior demonstração de que as matas da Serra do Mar ainda se encontravam por perto. Muitas espécies de pássaros e de insetos cruzavam a cidade, deslocando-se de uma área florestal para outra. Atraídos pela crescente iluminação da metrópole, alguns milhões de insetos desfilavam pelas principais avenidas e praças a cada noite. Mas, para a maioria deles, a viagem em direção às luzes significaria o fim, tal como acontecera para aquela grande mariposa. É claro que os bichos não acabavam morrendo nas mãos de pequenos colecionadores de insetos, como eu, mas por falta de alimento, pisoteados por pedestres, esmagados por pneus ou simplesmente varridos para o lixo, logo ao amanhecer. Contudo, o destino poderia ser melhor para um pequeno número deles, pois São Paulo ainda contava com uma enorme quantidade de terrenos desocupados e recobertos de plantas nativas para alimentar insetos.

Bem mais tarde, fiquei sabendo que a Mata Atlântica compartilhava inúmeras espécies de vegetais e de animais com a Amazônia porque, há milhares de anos, as duas regiões florestais haviam estado ligadas através de grandes matas litorâneas.

Era esta a explicação para um fato que me parecia muito intrigante: o de ter caçado vários insetos típicos da Amazônia naqueles vestígios de Mata Atlântica. E em pleno bairro do Morumbi!

Muitos chacareiros estabelecidos no bairro de Pinheiros, no Butantã e no próprio Morumbi, costumavam trazer plantas de outros estados com belíssimos insetos escondidos na folhagem. Por isso, em seus terrenos eu podia pegar besouros muito diferentes dos habituais e tão espetaculares como a *baratona furta-cor*[54]. O bicho não tinha nada de barata, além do formato oval. Era um besouro com oito centímetros de comprimento que viera escondido em plantas trazidas do litoral. Nessa mesma chácara eu peguei vários besouros vermelhos, os *achatadões-de-sapatinhos-largos*[55] que viviam nas palmeiras da baixada santista.

Um pouco mais distante do Morumbi, logo nos primeiros quilômetros das rodovias que deixavam São Paulo em direção ao litoral e ao Sul do país, era possível capturar os mais imprevistos insetos noturnos. Bas-

54 ***Euchroma gigantea***
em tamanho natural

55 ***Coraliomela brunnea***
em tamanho natural

Acima:
Uma jequitiranabóia, inseto homóptero da Família Fulgoridae. Comprimento: 8 cm

Abaixo:
Desenho caricato mostrando a jequitiranabóia como um pequeno réptil voador. Talvez os indígenas a enxergassem quase assim.

tava visitar os postos de gasolina que estivessem iluminados com as poderosíssimas lâmpadas de mercúrio.

Nunca me esqueci da satisfação que tive quando apanhei um bicho que mais se parecia com uma cabeça voadora, nas luzes do Posto Paraná, no km 22 da Rodovia Régis Bittencourt. Era uma incrível *Jequitiranabóia*, um inseto com uma cabeça desproporcionalmente grande e com desenhos que lembravam a cara de um réptil. Suas asas eram quase como as de uma mariposa, mas funcionavam num corpo de cigarra. A criatura era tão esquisita que mais parecia o resultado de uma daquelas minhas brincadeiras, quando eu juntava pedaços de bichos diferentes para construir um monstrinho. O nome popular de *Jequitiranabóia* já demonstrava que até os indígenas se impressionavam com a sua aparência. Na língua Tupi, *Jequitiranabóia* tinha o significado de *cigarra parecida com cobra*. Para mim, a semelhança era com jacaré.

Também capturei, debaixo das lâmpadas de mercúrio do Posto Paraná, o *superescaravelho chifrudo*[56] e dois magníficos serra-paus gigantes, o *arlequim-da-mata*[57] e o *tigre-de-dentes-de-serra*[59]. Ambos foram apanhados entre latas de óleo lubrificante e bombas de gasolina... quem diria? Com um pouco de sorte topava-se até com alguma rara mariposa de longas caudas[60] ou com a bem mais comum, *morcegona*[58].

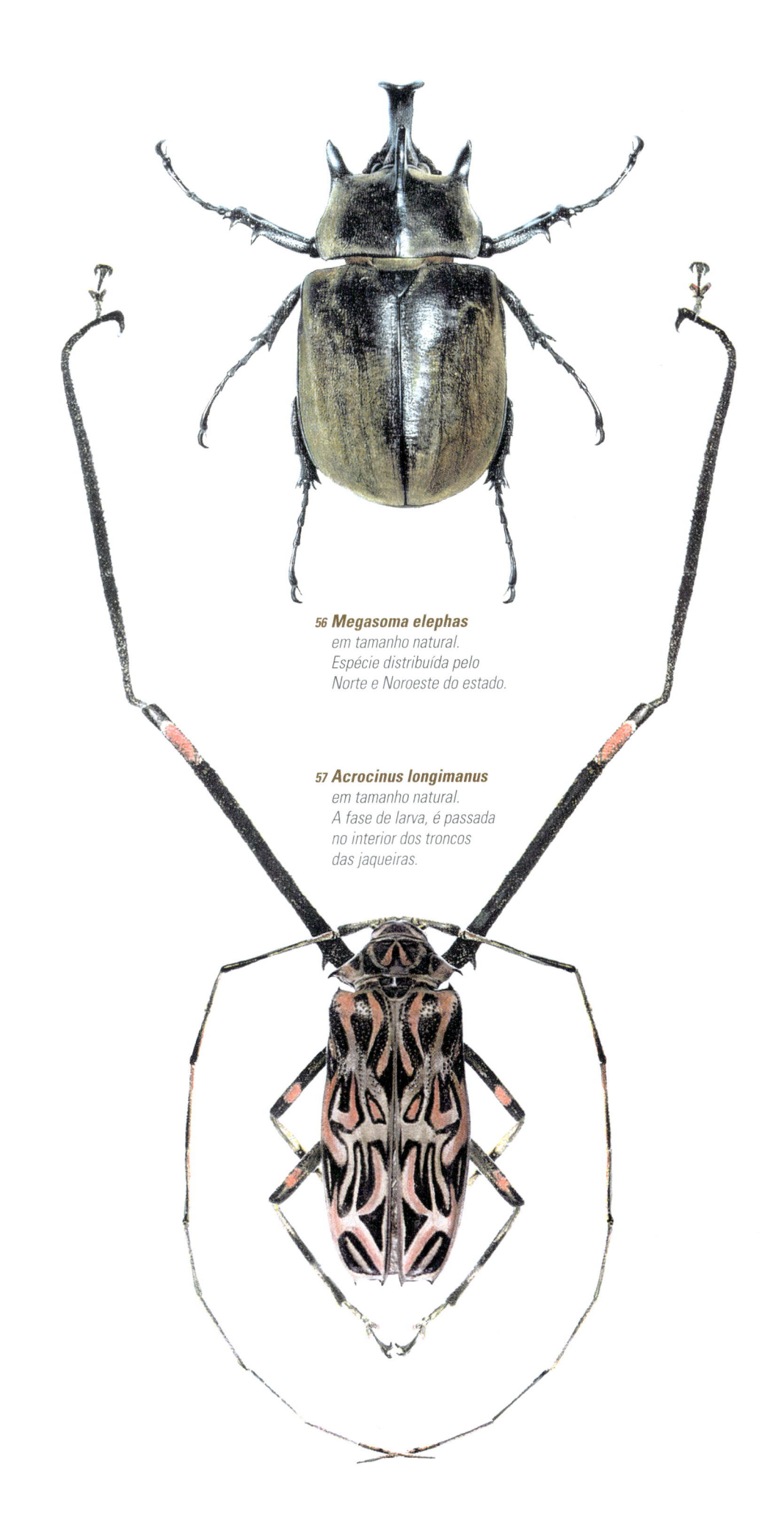

56 Megasoma elephas
em tamanho natural.
Espécie distribuída pelo
Norte e Noroeste do estado.

57 Acrocinus longimanus
em tamanho natural.
A fase de larva, é passada
no interior dos troncos
das jaqueiras.

58 Ascalapha odorata
em tamanho natural

59 Macrodontia cervicornis
em tamanho natural. Espécie encontrada normalmente em algumas regiões onde a Mata Atlântica se encontra ao nível do mar, como na Baixada Santista.

60 Capiopterix semiramis em tamanho natural. Espécie rara, mesmo nas poucas regiões do estado, onde ainda pode ser encontrada.

Nessa mesma época, caminhões abastecidos com toras de árvores, abatidas nas florestas do Estado do Paraná, costumavam pernoitar naqueles postos. Era o bastante para que algumas dúzias de pequeninos viajantes clandestinos, de seis patas, pulassem para fora dos caminhões e corressem em direção às luzes. Às vezes, os "caronas" tinham oito patas, como as enormes e inofensivas aranhas caranguejeiras. Elas costumavam viajar escondidas sob as cascas dos troncos. Geralmente escapuliam dos caminhões no ponto final do trajeto, às vezes, no bairro do Taboão da Serra que já concentrava um grande número de serrarias e marcenarias. Ali, com um pouco de sorte, elas conseguiam sobreviver por algum tempo nos matagais dos arredores e, de vez em quando, causavam eletrizantes espetáculos de aracnofobia entre os moradores. Não duravam muito. Podiam morrer atropeladas por um veículo, ou esmagadas por uma vassourada.

Durante alguns anos, era assim que as coisas aconteciam. Depois, a cidade mergulhou num crescimento desenfreado, os terrenos baldios foram desaparecendo e acabaram-se as florestas que ainda recobriam alguns de seus bairros periféricos. Mas, em 1954, a destruição das matas mais próximas ainda era pequena e São Paulo vivenciava o seu quarto centenário. Naquele momento, o recém-inaugurado Parque do Ibirapuera tornara-se o centro dos festejos. A soberba iluminação dos pavilhões envidraçados, abrigando feiras e atrações de todos os tipos, ao lado das marquises quilométricas com milhares de lâmpadas, proporcionavam-me ótimas capturas de besouros e mariposas de todos os tipos. Da tão comentada arquitetura moderna de um tal de Oscar Niemeyer eu nada entendia, mas as suas grandes obras, espalhadas por toda aquela área, pareciam-me especialmente criadas para atrair insetos.

Tornei-me um assíduo freqüentador noturno do Ibirapuera, principalmente de seu luminosíssimo parque de diversões. Em poucos meses, tripliquei o número de espécimes da minha coleção. Com o passar do tempo, a que se revelou como uma das melhores "armadilhas luminosas" projetadas por Niemeyer, foi uma estrutura de concreto armado com a forma de uma grande calota esbranquiçada. De dia, ela poderia sugerir a casca de um gigantesco ovo, perfurada com buracos circulares, típicos de queijo suíço e que funcionavam como janelas. Mas, à noite, depois de iluminada por uma dúzia de fortíssimos refletores, aquela casca de ovo esburacada ficava parecida com uma lua partida ao meio, emborcada sobre a grama do parque.

Ao lado:
61 **Thysania zenobia**
Tamanho natural

Abaixo:
62 **Eacles imperialis (macho)**
Envergadura: 10 cm

63 **Nothus lunus**
Envergadura: 10 cm

Calçando-se um par de tênis, era fácil escalar a "casca do ovão" para recolher as centenas de insetos que perambulavam por ali. Entre eles, apanhei uma parente meio raquítica daquela grande *noiva* da praça da Biblioteca. A *noivinha*[61] era bem menor, mas, assim mesmo, podia ser considerada uma bela mariposa, com catorze centímetros de envergadura. Também logo foram capturadas uma rara mariposa *zebra-rabuda*[63] e várias *amarelonas sarapintadas*[62], uma espécie cujas lagartas haviam se tornado praga nos cafezais.

Minhas primeiras e corajosas escaladas sobre o "ovão" foram prontamente interrompidas pelos guardas do parque. Depois, vendo-me retirar os bichos que assustavam os visitantes, eles até me acompanharam em alguns rápidos "safáris" sobre a cascona iluminada. Passamos a recolher, praticamente, as mesmas espécies de insetos que já haviam dado sustos nos antigos conquistadores portugueses, naqueles fortes e corajosos Joaquins e Manuéis; homens que há quatrocentos anos haviam galgado as íngremes escarpas de uma serra litorânea e fundado num local, poucos quilômetros distante do Ibirapuera, o vilarejo de São Paulo de Piratininga.

Uma trágica ironia estava acontecendo. A maior parte de uma fauna secular de insetos noturnos que, até então, havia conseguido sobreviver nos arredores do Ibirapuera, encontrava o seu pior momento, bem naquele ano e sob a forma de uma extinção em massa. Morriam aos milhões, depois de se debaterem ao redor das luzes que festejavam o grande aniversário da cidade.

Quando acabaram as comemorações e tudo voltou ao normal, uma pequena variedade de insetos ainda viveu por ali durante algum tempo. Os grandes percevejos aquáticos, por exemplo, vinham voando desde a planície pontilhada de brejos do Rio Pinheiros e acomodavam-se, tranqüilamente, nos lagos recém-formados ao longo do parque. Se para o público visitante, eles eram amedrontadores, para mim representavam uma das mais requintadas obras de anatomia do mundo dos insetos. Tinham patas que serviam de remos poderosíssimos para os deslocamentos aquáticos. Tinham asas escondidas para usar numa rápida mudança de território. Contavam com patas dianteiras adaptadas à captura de presas e com um aparelho de injetar uma substância paralisante em suas vítimas, localizado adiante da cabeça. Em resumo: eram espetaculares máquinas de assalto!

Os percevejões aquáticos que eu criei em aquários me divertiram muito mais do que qualquer tipo de peixe. Alguns anos mais tarde, passei a desenhar vários aspectos de sua anatomia e de seus costumes, com a técnica do pontilhismo.

Besouros aquáticos também faziam o mesmo trajeto dos percevejões até alcançarem o parque e muitas espécies de libélulas desovavam naquelas pequenas extensões de água. Mas o Ibirapuera não tinha nada de parecido com os matagais dos terrenos baldios ou com a primitiva vegetação daquela área. A horizontalidade dos gramados e a monotonia som-

Percevejo d'água, inseto da Família Belostomatidae. Comprimento: 10 cm

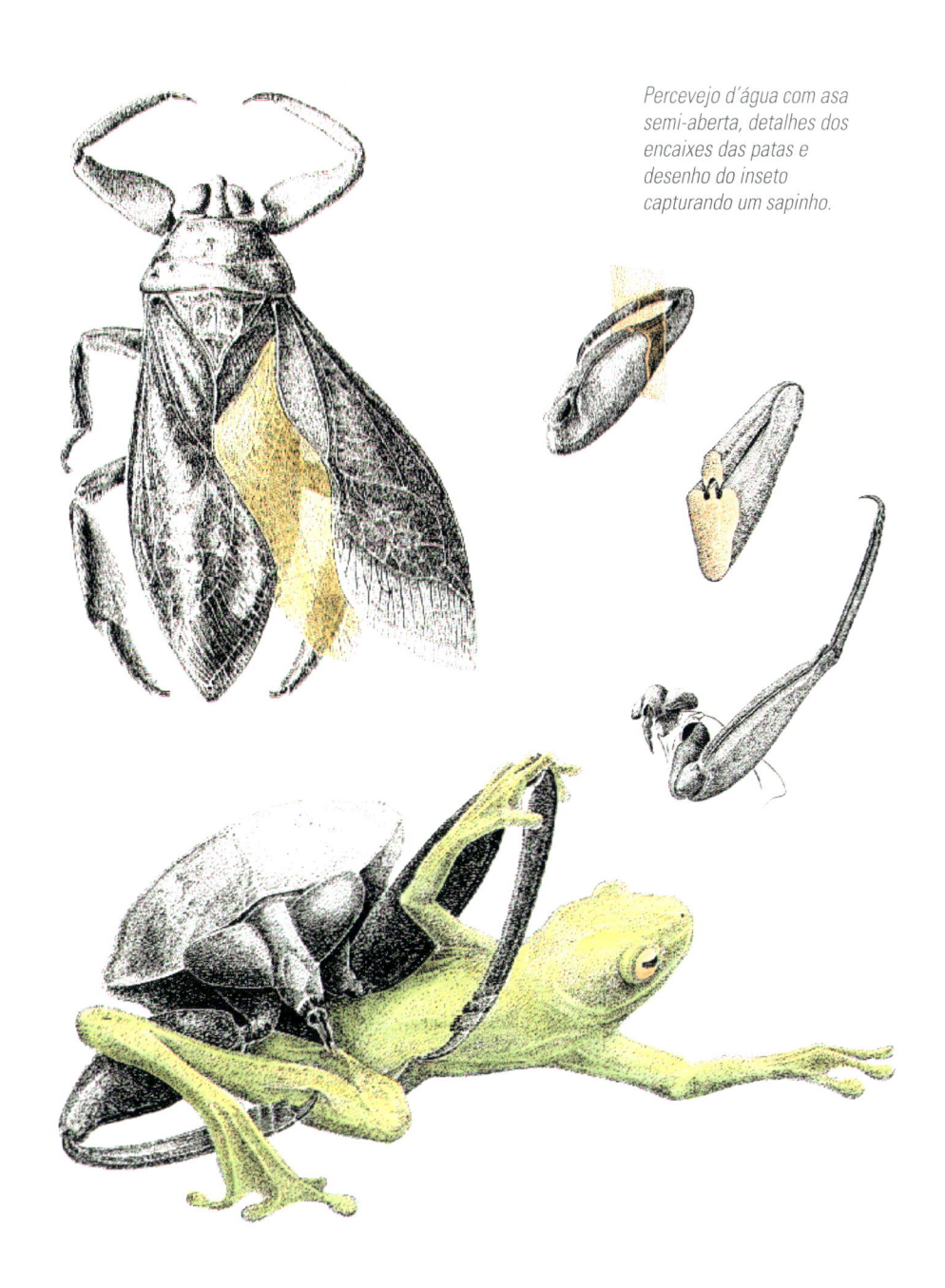

Percevejo d'água com asa semi-aberta, detalhes dos encaixes das patas e desenho do inseto capturando um sapinho.

breada dos bosques de eucaliptos não ofereciam a menor condição de sobrevivência para a maioria dos insetos. Um pequeno local, reservado para viveiro de plantas, também os afugentava por ser constantemente borrifado com inseticidas. Assim, durante todo o calendário de festejos, e ainda por muito tempo depois, os pequenos corpos daqueles maravilhosos visitantes noturnos transformaram-se numa boa porcentagem do material que, diariamente, ia sendo retirado do parque... como lixo.

Um dos últimos e memoráveis episódios envolvendo insetos noturnos e, em particular, uma única espécie de mariposa, aconteceu no início da década de sessenta. Foi numa transversal da Avenida Paulista que descia em direção aos Jardins. O mês de outubro mal havia começado, mas o longo percurso da Rua Augusta, onde as antigas casas haviam cedido espaço para um comprido corredor de lojas, encontrava-se magnificamente iluminado, já testando suas lâmpadas para as festas de fim-de-ano.

Nessa época, as fortíssimas lâmpadas de mercúrio já faziam parte das noites paulistanas. Misturadas com as tradicionais sancas de luz fluorescente, elas transformavam a Augusta num verdadeiro clarão. Dos bairros situados na grande planície cortada pelo Rio Pinheiros, contemplava-se o intenso brilho daquelas luzes, acompanhando o traçado da rua até o seu ponto mais elevado, lá no cruzamento com o espigão percorrido pela Avenida Paulista.

A precoce iluminação natalina também atraía a atenção de uma formidável legião de insetos noturnos que ainda viviam nos bairros da baixada. Aquelas vitrines superbrilhantes passaram a ser disputadas por *coloridas mariposas-pavão* (página 98) vindas do Morumbi, por besouros do Brooklin, e por gigantescos percevejos aquáticos que, como sempre, decolavam para os seus vôos noturnos a partir das margens do Rio Pinheiros. As calçadas da Rua Augusta fervilhavam com a agitação frenética de incontáveis criaturinhas de seis patas, correndo em todas as direções, afugentando os compradores e infernizando a atividade dos lojistas. Mas, do meu ponto de vista, a Rua Augusta iria se transformar no melhor local para captura de insetos noturnos em toda São Paulo. E, pelo menos, durante três meses!

64 *Morpheis smerintha*
Envergadura: 12 cm

A mariposa que conseguiu fazer com que os veículos derrapassem na Rua Augusta.

Numa certa noite, pouco depois do acender das lâmpadas, uma revoada colossal de mariposas alcançou a Augusta. Elas chegavam aos milhares e, muito bem iluminadas, saracoteavam no céu noturno como pequenos e acrobáticos meteoritos para, depois, despencarem sobre a rua em espirais imprecisas. Seus corpos eram do comprimento e grossura aproximados aos de um pequeno charuto. Mesmo assim, continham suficiente quantidade de gordura para premiar com um escorregão aquele que pisasse numa delas. Em poucos instantes, o calçamento da Rua Augusta ficou inteiramente recoberto por aquelas mariposas, todas da mesma espécie[64]. Carros e ônibus derrapavam na gordura dos insetos e chegavam a se desgovernar em alguns pontos do percurso.

Tudo aquilo foi considerado como um abominável incômodo, mas proporcionou um espetáculo inesquecível, uma inesperada e derradeira explosão da natureza, acontecida na antiga São Paulo.

O raro episódio foi conseqüência de um fenômeno de superpopulação das lagartas daquela mariposa. Eram bichos que se alimentavam das taquaras, possivelmente da taquara póca (Merostachys speciosa) uma das plantas ainda cultivadas nas planícies mais próximas do espigão da Paulista. A mariposa das taquaras, aparentemente, não se interessava muito pelas luzes do meu bairro, mas na região dos Jardins, em Pinheiros e no Itaim-Bibi, eram comuns outras mariposas que, da mesma forma que ela, pousavam nas paredes com as asas formando um V invertido. Eu as chamava de *mariposas-ponta-de-flexa**.

Dependendo da época do ano, numa única manhã era fácil recolher uma média de vinte mariposas grandes e outras tantas de tamanho médio, percorrendo as casas da minha própria rua, surpreendendo-as enquanto estavam adormecidas. Em algumas ocasiões, diminuía o número de insetos atraídos pelas luzes, mas a fartura ficava, às vezes, substituída pela qualidade e os lampiões amanheciam acompanhados de algumas poucas e raras visitantes noturnas.

Com o passar dos anos, as noites de verão foram deixando de contar com aquela quantidade de insetos aquáticos atraídos pelas luzes. Não só os mosquitos, mas também os grandes percevejos aquáticos e uma enorme variedade de besouros d'água, deixaram de aterrissar nas varandas iluminadas da Mariana Correia. Explicaram-me, na ocasião, que o motivo daquilo era a drenagem dos últimos brejos que haviam restado nos bairros mais próximos ao Rio Pinheiros.

Uma mariposa do grupo das "ponta-de-flexa", da Família Sphingidae, em posição de repouso.

---

* Ver página 96.

Acima:
Grupo de mariposas ponta-de-flexa, da Família Sphingidae.

Abaixo:
Mariposas do tipo pavãozinho, da Família Hemileucidae.

Muito aborrecido, percebi que iam acabar as minhas caçadas noturnas à procura de rãs nas pequenas chácaras dos horticultores do Itaim-Bibi e nos terrenos alagados em volta do Jóquei Clube. Até então, as rãs apareciam por ali aos milhares, depois das pesadas chuvas de fim-de-tarde que caíam durante o verão. Era a época de vasculhar os alagadiços, ao anoitecer, com a minha "poderosa" lanterna de seis pilhas. Com um pouco de sorte, eu pegava uma dúzia de rãs em menos de meia hora. Depois de enfiadas num saco e carregadas de bicicleta para casa, elas seriam deliciosamente preparadas por minha avó e servidas durante o jantar.

Mais adiante, vi que não eram apenas as rãs e os insetos aquáticos que estavam sumindo das caçadas noturnas. Ora, nenhuma das mariposas ou dos besouros tinha nada a ver com a drenagem dos terrenos, portanto, alguma outra coisa, muito diferente, deveria estar acontecendo com eles. Ecologia ainda não era uma palavra muito em moda. Não creio que alguém, além de mim, tenha dado atenção para a progressiva ausência das mariposas na Mariana Correia.

Muito tempo depois, compreendi que as antigas luminárias de jardim haviam funcionado como indicadores da gradual extinção dos insetos noturnos da cidade. Era um sinal dos tempos. A região dos Jardins ia se transformando num sufocado reduto de residências e de pequenas praças. Aos poucos, tudo ali estaria cercado por uma altíssima muralha de construções, assinalando os novos territórios conquistados durante o avanço irrefreável dos prédios.

Em quase todos os bairros, uma espessa camada de concreto cinza substituía o antigo verde. A cidade parecia estar mudando de pele.

Fechaduras voadoras

As modificações da cidade sucediam-se com rapidez. Enquanto isso, eu também modificava sensivelmente o meu modo de lidar com a coleção de insetos. Deixei, por exemplo, de classificar os meus exemplares com nomes científicos, depois de compará-los com as fotos ou com os desenhos dos meus livros. Não dava certo. Podia ser gostoso permanecer, durante horas, admirando aqueles livros, fartamente ilustrados, mas pouco se aproveitava de suas páginas. Via-se que os insetos podiam ser realmente bonitos, apresentar formas bem estranhas e... só.

Entendi que estava na hora de procurar livros mais sérios sobre Entomologia. Comprei um deles, escrito em inglês, e logo notei a enorme importância que se dava à complexa anatomia dos insetos. Uma correta classificação dependia de um minucioso exame que, geralmente, se iniciava pelo lado ventral do espécime. Só isso já era suficiente para transformar a minha pequena biblioteca em algo inútil em matéria de classificação.

Todos os meus livros apresentavam os insetos "de costas" para o leitor, isto é, mostrando o lado dorsal, mais bonito, cheio de desenhos e de cores. Portanto, precisei conformar-me com as novas dificuldades apresentadas por aquele livro sério e tentar entender a anatomia dos bichos o mais rápido possível. Mas o pior ainda estava por vir.

No caso das borboletas, a verdadeira classificação se baseava, primeiramente, em detalhes das patas e da parte inferior da cabeça. Em seguida, dava-se uma importância enorme ao desenho ramificado de uma rede de nervuras que se espalhava pelas asas, encoberta por aqueles belíssimos coloridos. Quem diria? Eu olhava as nervuras como simples canudinhos de sustentação das asas, como se fossem as varetas de armação de um guarda-chuva, achava que a classificação das borboletas se baseava nos desenhos e coloridos das asas. Minhas dificuldades para entender a classificação das borboletas ainda pioraram quando encontrei um capítulo, de quase cinqüenta páginas, intitulado: *Genitália*. Aprendi, ali, que as borboletas nasciam equipadas com órgãos sexuais complicadíssimos, construídos a partir de anéis articuláveis, de ganchos retorcidos e de tubos superpostos. Aqueles incríveis conjuntos de peças só funcionariam corretamente quando dois insetos de sexos diferentes resolvessem encaixá-los, um no corpo do outro. Eles usavam todo aquele amontoado de acessórios para a finalidade da reprodução. Portanto, os estranhos apetrechos só iriam cumprir os seus papéis, ajustando-se com perfeição, se os dois participantes do evento pertencessem à mesma espécie. Tratava-se de algo parecido com a interação de uma chave com uma fechadura: ou as peças se ajustam com muita precisão ou, então, as engrenagens da fechadura jamais se movimentam.

Como cada espécie de borboleta contava com um modelo extremamente personalizado de órgãos sexuais, qualquer aspirante a especialista, deveria aprender a identificar cada uma daquelas pecinhas que formavam a estrutura da intrincada genitália. Só assim, conseguiria perceber as mínimas variações de forma e de tamanho nas arquiteturas genitais das mais diversas borboletas. E esta era a maneira de se distinguir – corretamente e sem nenhuma dúvida – uma espécie de outra.

Estava claro que eu não poderia mais me passar por entendido em insetos, sem obedecer às regras daquele complicado jogo das classificações. Era preciso deixar a beleza das formas e das cores de lado e enxergar as borboletas como chaves e fechaduras voadoras. Foi essa nova maneira de encarar as borboletas que eu procurei representar numa das cartas-recordação.

Despreparado para lidar com o assunto, procurei estudar – primeiro – o aparelho reprodutor masculino, achando que ele iria me parecer mais familiar. Sua descrição principiava por um tal de *tegumen*, que se prolongava no *uncus*, seguido, por baixo, pelo *vinculum*, pelo *saccus* e ladeado por duas *valvae*. Tudo aquilo envolvia ao centro um *aedeagus*, suportado por uma *fultura superiore* e por uma *juxta* na parte inferior. Do *aedeagus* saía uma *vesica* para expelir o sêmen dentro da *bursa copulatrix* da fêmea. Isso, depois de ter atravessado a *ostium bursae*, penetrado no *antrum*, deslizando através do *ductus bursae* e, finalmente... conseguindo me fazer largar do livro! Mas ainda muito pior do que querer entender aquele capítulo, seria tentar encontrar as pecinhas das genitálias borboletóides, mostradas nos desenhos, procurando-as lá na ponta molenga e peluda do abdome de uma borboleta morta. Meu livro não informava que, para conseguir enxergar alguma coisa, era preciso retirar o abdome do inseto, fervê-lo e tratá-lo com produtos químicos. Só então, depois que a pele tivesse ficado quase transparente, as pecinhas da genitália poderiam ser examinadas com a ajuda de um microscópio.

Acabei aprendendo todos esses macetes num outro livro. Isso, muito tempo depois de ter ficado quase doido de tanto inspecionar genitálias, ainda fresquinhas, em borboletas recém-capturadas. Minha frustração foi muito grande quando notei que pouco me interessavam os *saccus, uncus, tegumens* etc. E bem no momento em que eu descobrira o quanto importante era dominar a técnica de classificação dos insetos. Afinal, saber identificá-los cientificamente seria fundamental para poder falar o idioma dos especialistas. Pareceu-me ser também a única maneira de poder corresponder-me com os colecionadores do mundo inteiro, na hora de vender as raridades da minha futura coleção. Mais tarde, descobri que não era preciso tanto radicalismo assim, dependendo das circunstâncias. Eu estava sendo muito exigente comigo mesmo.

Por isso, e pela primeira vez, julguei-me incapacitado para levar adiante o meu grande projeto e, pior ainda, senti-me traído pelo meu super-herói francês. Sim, porque nas páginas de seu livro, Le Moult não se dera ao trabalho de advertir o leitor das grandes dificuldades que deveriam ser enfrentadas por alguém disposto a imitá-lo. Ele não avisou que para aprender a classificar insetos não adiantaria ficar comparando bichos com fotografias e decorando listas de nomes científicos. Quanto a isso, o novo livro inglês sobre Entomologia pareceu-me mais "honesto". Entre outras coisas, mostrou-me, logo de saída, o meu grande despreparo diante dos indispensáveis conhecimentos de anatomia, genética, paleontologia, botânica, biologia de insetos e, até mesmo, de inglês.

De qualquer forma, aquela volumosa publicação técnica sobre Entomologia não deixou de representar, para mim, uma verdadeira bíblia. Passei a respeitá-la, mas, por não me sentir preparado para absorver seus preciosos ensinamentos, guardei-a com todo o cuidado, bem embrulhada e colocada dentro de um caixote que, depois, acabou enfiado por cima de um armário... no sótão.

Sem dúvida, ainda não me encontrava maduro o suficiente para lidar com as complicadas genitálias de insetos e, por outro lado, padecia de uma curiosidade crescente pelos aspectos bem mais simples da sexualidade humana. Aos poucos, reconhecia que muita coisa divertida e interessante poderia ser praticada nesse campo, sem a necessidade de grandes conhecimentos teóricos.

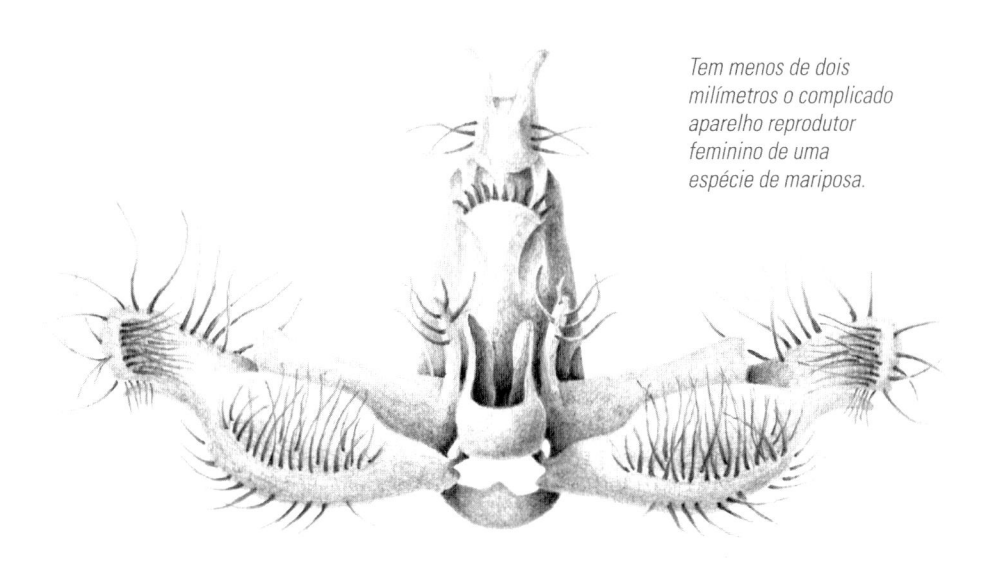

Tem menos de dois milímetros o complicado aparelho reprodutor feminino de uma espécie de mariposa.

Caçador de Serpentes

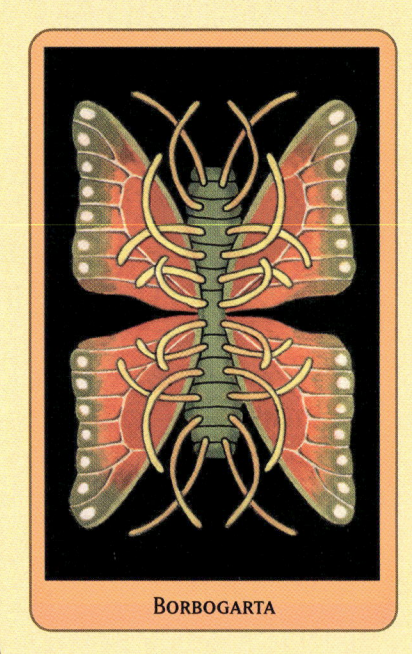

Borbogarta

Perigo Fantasma

Ovo Enganador

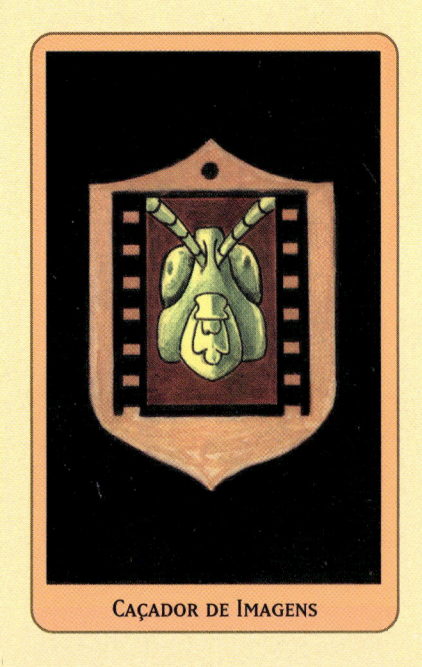

Caçador de Imagens

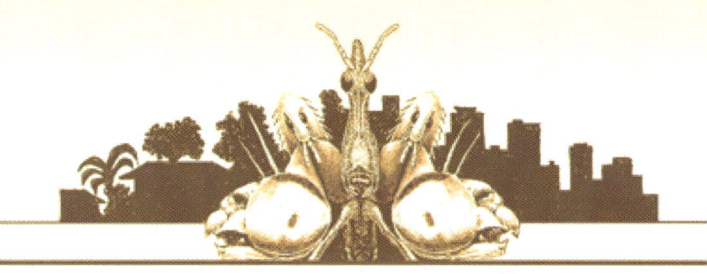

TERCEIRO CAPÍTULO

Fase de crisálida

Um período de estudos e de importantes substituições de valores, fatos difíceis de serem notados enquanto estão ocorrendo. Esse momento de transição faz lembrar a "fase de crisálida" de alguns insetos, uma etapa marcada por profundas transformações internas e que não podem ser percebidas exteriormente.

VENENOS PERFUMADOS

MATAGAL SUPER MARKET

BANDEIRINHAS VOADORAS

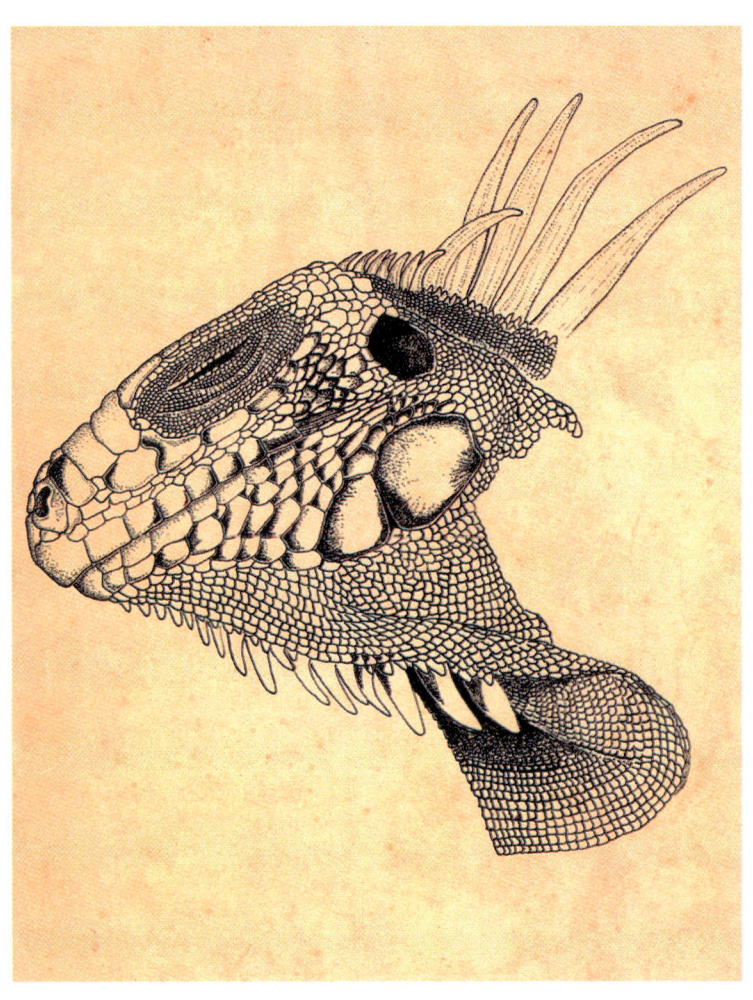

Fiz esse desenho da cabeça de um lagarto iguana ou sinimbú, quando viajava a serviço do Instituto Butantan, ainda como "caçador de serpentes".

Caçador de serpentes

As ansiedades típicas da adolescência, os estudos à noite e o trabalho durante o dia, deixavam-me cada vez mais distante da coleção. Mesmo assim, um besouro muito especial faria parte das mudanças de rumo que logo iriam ocorrer em minha vida.

Um imprevisto acontecimento, em 1963, condenou-me a um longo afastamento do convívio com os insetos, mas acabou presenteando-me com momentos de enorme entusiasmo, graças aos desafios proporcionados por uma inesperada profissão. Recém-contratado pelo Instituto Butantan de São Paulo, devido aos meus conhecimentos de Agrimensura, eu havia sido encarregado de executar o mapeamento das serpentes peçonhentas em todo o território brasileiro. Entretanto, minhas funções não iriam se restringir a ficar anotando, nos mapas, as regiões geográficas onde os bichos poderiam ser achados.

No dia cinco de julho daquele mesmo ano, encontrava-me a bordo de um avião da Força Aérea, voando para a Amazônia e aproveitando a primeira oportunidade de viajar a trabalho. Afastado do resto da equipe e do próprio chefe da expedição, que haviam se agrupado ao longo da incômoda fuselagem do B-25, eu viajava sozinho, dentro de um pequeno recinto situado bem no nariz do antigo bombardeiro, um pouco abaixo da cabine de comando.

Durante a Segunda Guerra Mundial, era exatamente naquele local que ficava instalado o metralhador de proa da aeronave. Ali, a armação quadriculada de uma envolvente janela semicircular fazia qualquer um se sentir encerrado numa gaiola. Mas o desconforto era recompensado por uma visão espetacular do horizonte, num ângulo de cento e oitenta graus.

De vez em quando, o avião penetrava num aglomerado de nuvens muito densas e um grande estremecimento percorria sua fuselagem. Naqueles momentos, a minúscula cabine parecia mergulhar num túnel cinzento onde claridades e escurecimentos alternavam-se com enorme velocidade. Sempre que as vibrações da cabine atingiam uma intensidade preocupante, eu tentava concentrar meus pensamentos em algo que pudesse aliviar a tensão. Numa dessas vezes, fui me lembrar do pequeno avião de brinquedo, da época em que o fazia atravessar a terra das colinas pontudas, sobrevoar as aldeias dos caçadores de cabeças e bombardear a cratera das lagartas gigantes.

Minhas aventuras aéreas de fundo de quintal já pertenciam ao passado, mas descobri algumas surpreendentes coincidências entre as histórias mirabolantes que inventava quando criança e a realidade daquele momento. Afinal, encontrava-me a bordo de um avião bombardeiro, rumando em direção aos penhascos da majestosa Chapada dos Parecis e, mais adiante, iria sobrevoar uma selva amazônica, ainda pouco conhecida, povoada por algumas tribos perigosas. Ninguém estava preocupado com lagartas gigantes, mas um dos objetivos da expedição era a captura da nossa maior serpente peçonhenta, a gigantesca surucucu* que poderia medir mais de três metros de comprimento.

Mesmo com seu grande conteúdo de aventura, o que a tornava algo semelhante aos meus devaneios de garoto, aquela viagem para caçar cobras guardava um outro significado para mim. Pela primeira vez, via-me lidando de uma maneira objetiva com os animais, orientado por um cientista e obedecendo a um método de trabalho. Agindo assim, podia perceber que havia conduzido minha coleção de insetos de uma maneira um tanto infantil. Por comparação, julgava-me bastante mudado naquele momento e imaginava haver alcançado uma "fase adulta". Mas, dali a instantes, algo iria pôr à prova essa idéia.

Devido a uma pane no motor, o B-25 aterrissaria no extremo oeste de Mato Grosso, no pequeno aeroporto da cidade de Cáceres. Ali, ficaríamos alojados num quartel do exército, até o dia seguinte.

Logo ao descer do avião, caminhei pela pista, recostei-me num grande caixote e, despreocupadamente, comecei a fumar uma cigarrilha. A tranqüilidade não demorou muito. Senti um arrepio percorrer o corpo quando meus olhos focalizaram o animal que se deslocava, bem devagar, em minha direção. Atraído, provavelmente, pela iluminação noturna do aeroporto, o bicho havia se distanciado de alguma das matas mais próximas e permanecera por ali por perto, escondendo-se da luz do dia.

A menos de um metro de mim, arrastava-se um *Phanaeus ensifer*, o esplêndido *besouro-rinoceronte* que eu costumava chamar de Escarabídeo

---
* *Lachesis mutus.*

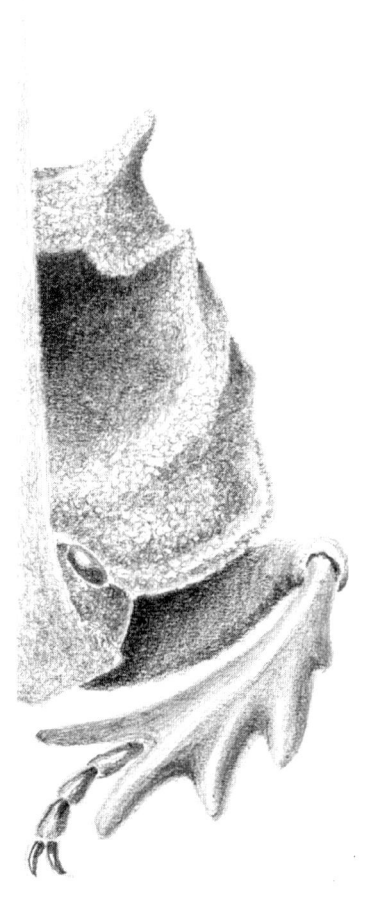

"fanaêus", quando ainda tinha dez anos de idade. Não resisti à tentação de agarrar aquele inseto com o qual tanto sonhara e que jamais conseguira encontrar. Finalmente, pude avaliar a força daquelas patas robustas, providas de esporões pontiagudos e também observar o movimento de vai-e-vem executado pelo longo chifre, com a forma de sabre, plantado no topo da cabeça e encaixando-se na grande corcova de suas costas.

Fiquei satisfeito demais para pensar em me desfazer do inseto. Mesmo assim, por alguma razão, não desejava matá-lo. Acabei guardando-o dentro de uma velha lata de óleo para motores de avião. Mas, quando fui me deitar, as reclamações dos companheiros de viagem obrigaram-me a pôr um fim no sapateado ruidoso que o besouro enlatado não parava de executar. Durante uma boa parte da noite quente e infestada de mosquitos, permaneci na varanda do alojamento militar com a lata aberta diante de mim, sem decidir o que fazer com o bicho. Afinal, eu ainda não aprendera a resistir aos encantos de certos insetos e continuava apanhando um ou outro que cruzasse o meu caminho.

Naquele momento, respirando um ar noturno que parecia impregnado com o misterioso perfume dos mais incríveis e desconhecidos insetos, senti que uma remota fantasia voltava a tomar conta de mim. Então, ocorreu-me o óbvio: encontrava-me em pleno território dos grandes vira-bostas, a região mencionada por aquele velho amigo dos meus pais. Eu havia chegado à terra encantada dos *besouros-rinoceronte*! Sim, mas a minha permanência por ali seria de apenas mais algumas horas. De repente, compreendi que não havia tempo a perder, caso pretendesse capturar muitos outros Escarabídeos chifrudos. No mesmo instante, minha cabeça começou a dar voltas: uma lanterna, minha pinça, um vasilhame, meu par de botas, uma informação sobre o pasto mais próximo e com bostas de vacas... meu Deus! Os minutos se escoavam!

Suado e hesitante, deparei com um inesperado reflexo no vidro da janela. Inacreditável! Bem mais crescido, barbado e com os cabelos típicos de um hippie a pender sobre os ombros, surgiu diante de mim aquele incompreendido personagem que parecia estar despertando de algum sonho do passado: o vira-bostas do Jardim Paulistano!

O choque produzido pela súbita e incômoda recordação foi suficiente para interromper todos os meus planos de caça para aquela noite. Droga! Será que eu não iria jamais sair da pele de um catador de bichinhos? Estiquei-me numa das redes da varanda e procurei relaxar.

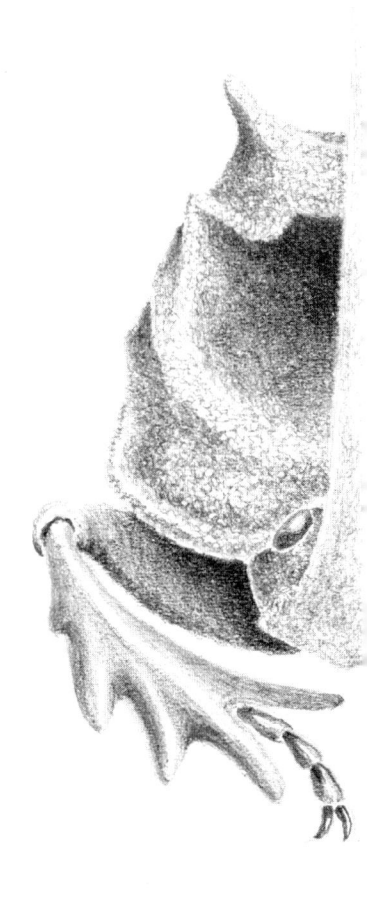

Nossa decolagem havia sido marcada para as cinco da manhã e, até as três, eu ainda não havia adormecido. A luz acesa do refeitório dos oficiais indicava a presença de alguém. Resolvi ir para lá. Como não podia deixar de acontecer, o sargento que estava de serviço ficou nitidamente surpreso quando lhe pedi, em plena madrugada, uma escova e um sabão para dar banho no besouro e livrá-lo do óleo.

Pouco antes de embarcar, coloquei o bicho – já bem limpinho – no interior de um canteiro sombreado por grandes arbustos floridos. Acreditei que ele ficaria ali, quieto, esperando a noite chegar e, se suas forças permitissem, voltasse para as matas mais próximas, aproveitando-se da escuridão. Notei que algumas formigas, bem grandes, rondavam o local e matei muitas delas antes de me afastar. Depois, caminhei para o avião, sentindo-me bastante cansado, com muito sono e um tanto indeciso. Por um momento, quase voltei até o canteiro para recolher o besouro e guardá-lo como uma lembrança daquele episódio. Mas não havia mais tempo e o co-piloto já fazia sinais para que eu me apressasse.

Logo após a decolagem o B-25 descreveu uma larga curva sobre o aeroporto. De dentro da minha cabine-gaiola pude distinguir com nitidez o pequeno canteiro florido onde havia instalado o *besouro-rinoceronte*. Então voltei a me preocupar com o destino daquele inseto. Lembrei-me de toda a energia que o bicho despendera durante a noite, tentando livrar-se da lata besuntada de óleo. Também pensei nas formigas que poderiam atacá-lo e no sol abrasador que o destruiria, caso ele resolvesse abandonar o abrigo antes do anoitecer. Comecei a lamentar o grande desperdício cometido por deixá-lo morrer assim... tão à toa.

Lá estava eu, arrependendo-me por não haver recolhido o besouro a tempo, por não guardá-lo como uma preciosa recordação.

Apesar dos esforços, tentando abandonar as antigas paixões de colecionador de insetos, quase sempre me deixava vencer pelo encanto de buscar *troféus* em meio à natureza, de recolher aqueles seres que surgem como irresistíveis tentações em cada uma de minhas viagens. Tanto isso era verdade que, tão logo a planície amazônica surgiu à frente da aeronave, mergulhei num sono profundo e sonhei com a iminente captura de surucucus, anacondas e cascavéis para as coleções do Butantan.

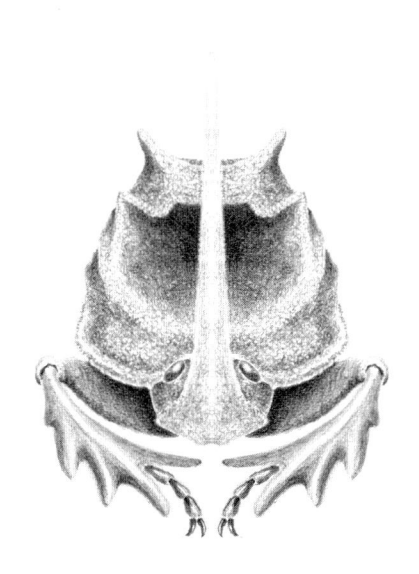

Eu ainda me comportava como um caçador de insetos e apenas me iniciava num difícil aprendizado que me transformaria num caçador de cobras. Era preciso conformar-me com a realidade. Bem mais tarde, aprenderia que o longo caminho a ser percorrido para alcançar uma radical modificação de comportamento, não iria oferecer nenhum atalho. Eu deveria submeter-me a um lento processo, a uma gradual e quase imperceptível metamorfose.

Muitos anos depois, um certo jornalista iria se basear nas transformações dos insetos para enxergar-me – metamorfoseado – de antigo caçador em soltador de bichinhos. E ele estaria absolutamente certo. Existe mesmo uma curiosa analogia entre os nossos longos processos de crescimento interior e as escondidas e pouco conhecidas transformações de uma lagarta em via de se tornar um inseto adulto.

Borbogarta

Ainda na época das minhas experiências "científicas" de dissecar insetos, tive uma enorme surpresa enquanto tentava retirar a pele de uma lagartona verde para distendê-la sobre um papelão. Meu projeto era o de usar a sua pele como marcador de livro.

Eu havia guardado a lagarta dentro de uma caixa de sapatos por uns três dias e, quando fui retirá-la, o bicho já estava envolvido por um casulo de seda. Fiquei bravo com aquela sua pressa em querer virar borboleta e cortei rapidamente o tecido do casulo com uma tesoura. Minha raiva ainda aumentou quando descobri que a lagarta nem sequer me dera tempo de agir. Ela já havia se despido da pele, quase por completo. O bicho estava imóvel e um tanto encolhido. Mas uma outra surpresa logo me fez esquecer da raiva, pois era algo que jamais esperaria encontrar na anatomia externa de uma lagarta: dois pares de asinhas carnudas e subdesenvolvidas, bem coladas junto ao corpo!

Já habituado com as peças que os insetos costumavam me pregar, considerei a descoberta como uma daquelas charadas do tipo: o que é, o que é? Corpo de lagarta... asa de borboleta! Para mim, a criatura bem que poderia ser uma *borbogarta*, um produto intermediário entre borboleta e lagarta. Coloquei o animal, já sem pele, dentro de um vidro com álcool para examiná-lo, depois, com mais calma. Meu objetivo era o de esticar a pele da lagarta, da mesma maneira como fizera alguns meses antes, mas com a pele de uma cobrinha boipeva, apanhada no Morumbi. Porém, minha nova experiência resultaria em fracasso. Logo depois de ter sido abandonada, a pele da lagarta transformara-se numa membrana enrugada e escura. Mais tarde, aprendi que o colorido das lagartas, bem como o de muitos outros insetos, era mantido por substâncias químicas que circulavam pelo organismo dos animais enquanto estivessem vivos e com suas peles bem agarradinhas ao corpo. O fato é que nenhum bicho trazia algum rótulo do tipo: *DESCORA DEPOIS DE MORTO*. Por isso, sempre me aconteciam surpresas desagradáveis, principalmente com os gafanhotos, grilos e louva-a-deus, bichos que perdiam os suaves tons de verde, amarelo ou laranja e acabavam sendo espetados na coleção com um colorido sem-graça, uniformemente castanho.

Muito decepcionado com a tal experiência da pele, voltei a me interessar pelo estranho corpo esfolado que permanecera mergulhado no álcool. Demorei-me observando as asinhas carnudas que a lagarta já havia desenvolvido por debaixo da pele, antes de se aninhar no casulo.

A antiga mania de criar monstrinhos reacendeu-se naquele instante e me fez pensar num bicho híbrido de lagarta com borboleta, agora representado numa carta-recordação.

Lembro-me de que passei alguns dias tentando imaginar, em vão, quais seriam as cores daquelas asas quando o inseto adulto saísse lá de dentro. Não cheguei a conclusão nenhuma quanto às cores, mas a impressão causada pela *borbogarta* me faria refletir, muito mais tarde, sobre as escondidas transformações pelas quais vamos passando ao longo da vida e que só podem ser reconhecidas depois de muito tempo.

* * *

Durante aquela inesquecível alvorada em Cáceres, "encasulado" na pequena cabine do bombardeiro, eu me senti frustrado. Julguei-me distante demais de uma fase adulta. Não percebi que algumas características de "crisálida" já estavam se instalando em mim, ainda que disfarçadas pela "fase de lagarta". Afinal, aquele *besouro-rinoceronte* deixado para trás – e a duras penas não recolhido a tempo – era um sintoma de que alguma coisa começara a mudar, lá por debaixo da minha pele.

Enquanto se processava a minha lenta transformação de caçador de insetos em caçador de cobras, o mundo ao redor também se modificava, só que de um modo muito mais rápido... e nem sempre para melhor. Entre outras coisas, a tradicional caricatura do solitário caçador de borboletas (com a redinha de filó numa das mãos e o chapéu de explorador na cabeça) ia deixando de fazer sentido. Pouco a pouco, os nossos novos caçadores de borboletas foram integrando uma imensa legião, onde se enquadravam todos os tipos físicos da América Latina. Aqui, no paraíso tropical das borboletas azuis, não só os homens, mas também mulheres, velhos e crianças passaram a trabalhar dentro de uma gigantesca conexão internacional que poderia nascer, por exemplo, nas selvas do Peru, atravessar as praias do Rio de Janeiro e terminar, talvez, nas ruelas de Hong Kong.

Graças a esses novos caçadores de borboletas, os pratinhos e bandejas decorados com um inconfundível azul-metálico, tornaram-se produtos típicos de um rendoso comércio internacional de asas de borboletas. Mas, tudo isso ainda poderia ser visto como ninharia. Sim, se comparado com os monstruosos biombos e tampos de mesa, revestidos com asas de borboletas azuis. Em muitos países, elas passaram a ser disputadas pelos apreciadores de móveis exóticos.

O morticínio de borboletas azuis tornara-se assustador. Num único tampo de mesa, chegavam a ser consumidas nada menos que duas mil asas. Não fiquei surpreso quando soube que, em 1975, alguns cientistas ingleses denunciaram a comercialização de seis milhões de borboletas azuis por ano! Hoje, tenho boas razões para imaginar que o número de capturas seja bem maior, muito embora isso não represente nenhuma ameaça à sobrevivência das azuis.

Não é preciso que algum organismo internacional controle o comércio de asas coloridas de qualquer espécie de borboleta. Em primeiro lugar, porque nenhum sistema de caça, empregado pelos comerciantes, consegue impedir que uma enorme quantidade de machos fertilizem uma quantidade equivalente de fêmeas, todos os anos. Em segundo lugar, porque as fêmeas fecundadas garantem a sobrevivência da espécie. Isso, graças a uma particularidade bem marcante: elas são extraordinariamente férteis e, com suas desovas, são capazes de gerar centenas de lagartas. Uma única lagarta que consiga se transformar em borboleta fêmea pode dar origem a uma nova geração de borboletas. Portanto, nenhuma espécie de borboleta se tornará rara e jamais será extinta por culpa dos caçadores profissionais. Sua segurança só pode ser quebrada se as plantas-alimento que sustentam as lagartas forem exterminadas na área. Aí sim, as borboletas irão desaparecer. Por isso, é preocupante saber

Morpho anaxibia
ENVERGADURA: **16 cm**

O colorido da fêmea (em cima), não se presta para os trabalhos de decoração das bandejas para turistas. Só o macho (embaixo) é utilizado no comércio de asas.

que nas grandes queimadas e derrubadas de árvores são destruídos muitos milhões de lagartas.

No litoral sudeste do Brasil, já falta pouco para que uma bela borboleta se torne extinta. Na década de setenta, ela ainda era encontrada na restinga da Barra da Tijuca, um bairro da zona sul do Rio de Janeiro. A maior parte da população dessa borboleta se concentrava nas matas ao redor de um morro, conhecido como Pedra de Itaúna. Ali, suas lagartas se alimentavam de uma rara trepadeira, a *Aristolochia macroura*. Entretanto, surgiu uma séria ameaça para essas plantas e lagartas, quando os primeiros conjuntos de prédios despontaram na faixa da restinga e quando a vegetação original passou a ser destruída. Hoje a borboleta é raríssima. Ela sobrevive em minúsculos trechos do litoral fluminense e paulistano, ainda atingidos pelo crescimento imobiliário. Creio que, em breve, sua foto seja mostrada em livros didáticos com a seguinte legenda: Borboleta *Parides ascanius*[65] – espécie extinta.

Talvez julguem desnecessário proteger a borboleta, mas não seria difícil reflorestar pequenas áreas daqueles maiores condomínios com árvores da restinga para, depois, replantar um grande número de mudas da aristolóquia comida pelas lagartas. Podem até profetizar que a estratégia não iria funcionar, mas tenho certeza de que uma simples iniciativa dessa natureza traria esperanças, conhecimentos e alegria para muita gente.

Quem não perdeu tempo em salvar algumas *ascanius* foi um catarinense, comerciante de borboletas. Quando viu que elas logo seriam eliminadas em algumas áreas, tratou de apanhar ovos, lagartas e aristolóquias para começar uma criação de *ascanius* e garantir um precioso estoque de raridades. Por uma incrível ironia, a acelerada destruição da borboleta tornou-se parcialmente retardada, devido aos interesses de um... caçador!

Mesmo depois de aprender que esses comerciantes de asas jamais ameaçariam as borboletas, ainda cultivei uma certa antipatia para com um deles. Descobri que um dos grandes responsáveis por trançar os primeiros fios de toda aquela rede internacional de consumo de asas de borboletas, não havia sido outro senão o meu super-herói francês: Eugène Le Moult.

Ao deixar as selvas da Guiana, em 1908, Le Moult carregou para a França uma fantástica coleção de borboletas. Poucos meses depois, ele conseguiu montar, em Paris, um escritório especializado no comércio de

65 *Parides ascanius*
Envergadura: 9 cm

insetos raros. Só então o espertalhão se deu conta de que as asas das borboletas azuis exercem uma fortíssima atração sobre a maioria das pessoas. Segundo ele, sua coleção já contava com milhares daquele tipo de borboleta e era preciso usar o excesso de material estocado. Foi assim que o meu grande ídolo começou a produzir, em série, seus primeiros artefatos enfeitados com as asas das borboletas azuis. Le Moult poderia ter suas razões, mas não previu que o comércio das borboletas azuis iria escapar das suas mãos, virar moda e transformar-se na monstruosidade que ainda é hoje.

Pouco antes de ter notícia da morte do meu ex-herói, fui informado de uma de suas últimas entrevistas. Sentindo-se abandonado pela família e pelos amigos, transformado num melancólico e encurvado ancião, Le Moult declarou algo que deveria figurar em seu epitáfio: "*Tomem muito cuidado para que as borboletas não os arrastem em demasia nos seus vôos longínquos. Cuidado, senão vocês acabarão inteiramente sós, ao lado das suas delicadas múmias coloridas que pareciam prometer a felicidade enquanto voavam num lindo dia de verão.*"

* * *

Jamais poderei tirar a limpo, mas acredito que o velho colecionador tenha percebido, muito tarde, um dos mais estranhos poderes dos insetos. Aliás, trata-se do fenômeno que foi citado, aqui, como a característica de número dez dos *duendes de seis patas*: "Podem escravizar-nos de modo irremediável com seus encantos".

Com toda a certeza, Eugéne Le Moult tornara-se escravo do encantamento das borboletas, daquelas que poderiam ser consideradas as mais belas e decorativas dentre todas as formas assumidas pelos insetos.

O amargo e derradeiro depoimento do colecionador francês soou em meus ouvidos como um alarme, despertando-me para uma terrível dúvida: teria eu forças para enfrentar o mesmo tipo de problema e libertar-me, de vez, de um incrível fascínio por aqueles pequenos bichos?

Urania ripheus
ENVERGADURA: **8 CM**
Milhares de borboletas desta espécie foram coletadas por Le Moult para serem usadas no comércio de asas.

Perigo fantasma

O mundo dos insetos continuou mantendo-me prisioneiro dos seus encantos, mas ofereceu-me a oportunidade de explorar um rumo surpreendente. No entanto, só pude me aventurar nessa nova direção durante a minha "fase de crisálida". Foi quando resolvi estudar os terríveis problemas que eles – animaizinhos aparentemente frágeis – acabavam causando à espécie humana. Era um caminho áspero, desafiador, e pelo qual jamais havia me interessado.

Meus novos livros de Entomologia Médica e Agrícola não tinham cor, não mostravam a beleza das borboletas ou as formas curiosas dos besouros. Em suas páginas sombrias lia-se sobre morte, doenças, miséria e fome.

Diante de tanta tragédia, parecia-me muito natural que revidássemos aos ataques de mosquitos, pulgas e percevejos, como se estivéssemos travando uma verdadeira guerra contra eles. Não faltavam argumentos para nos convencer que o mundo dos insetos era uma poderosa fábrica de seres perigosos e traiçoeiros.

Mas, na maioria das vezes, as campanhas de extermínio dos insetos "pintavam o diabo mais feio do que realmente era" porque se inspiravam nas propagandas destinadas à promoção dos inseticidas. Essa estratégia de vendas levava os agricultores e os administradores de Saúde Pública de muitos países a consumirem quantidades exageradas de produtos tóxicos. Como conseqüência, um sentimento de aversão ou medo pode ser a nossa primeira reação diante de um inofensivo besouro.

Olhando-se para a carta-recordação, é mais fácil enxergar a figura de uma caveira e, só depois, perceber a figura de um besourinho de patas espinhentas.

A imagem de fantasmas amedrontadores com aparência de insetos era excelente como marketing, mas foi deixando de me convencer.

Nunca houve descaso, de minha parte, para com os prejuízos e epidemias provocados por algumas espécies de insetos, mas, mesmo assim, eu precisava aceitar o fato de haver me tornado um incondicional admirador de suas incríveis estratégias de sobrevivência. Pode soar irônico, mas ao se estudar os diferentes métodos de combater os insetos, corre-se o risco de deixar-se apaixonar pela sua fantástica biologia.

Um dos grandes desafios da luta contra as pragas é o de saber lidar com a metamorfose, esse fenômeno que pode modificar de maneira radical a aparência e os hábitos de um inseto. Dependendo do estágio em que o animal se encontra (ovo, larva, pupa ou adulto), ele precisa ser eliminado com armas e métodos apropriados para a ocasião. Ao tentar compreender essas transformações dos insetos, mesmo encarando-os como pragas de plantas cultivadas, descobre-se que o capítulo das metamorfoses contém algumas passagens semelhantes a verdadeiras histórias de ficção e com um conteúdo de primeiríssima qualidade.

Ovo enganador

O estudo do embrião de uma borboleta ou de uma mariposa, por exemplo, revela uma incrível realidade, algo que resolvi chamar de *ovo enganador*.

O nome é apropriado porque no embrião envolvido pela minúscula casquinha desse *ovo enganador* escondem-se duas categorias de células. É quase inacreditável, mas estão programadas para atuar nos organismos de dois bichos inteiramente diferentes entre si!

Apenas as células do primeiro tipo encarregam-se de formar o corpo de um dos bichos, isto é, o da lagartinha que logo sai do ovo.

As células que pertencem ao segundo tipo permanecem estacionadas na periferia do pequenino corpo da lagarta, agrupadas em minúsculas placas e sem participar de nada.

Depois de bem crescida, a lagarta acaba parando de se alimentar e, num dado momento, sua pele se rasga de ponta a ponta, deixando exposta uma criatura gelatinosa que havia crescido por baixo.

Apesar do estranhíssimo aspecto, ela é apenas uma crisálida envolvida por sua pele recém-formada; uma pele que rapidamente se enrijece, tornando-se um eficiente revestimento externo. Essa casca da crisálida desempenha um papel semelhante ao da casca de um ovo, isto é, protege todas as transformações que irão ocorrer em seu interior.

E, realmente, muita coisa logo começa a acontecer lá dentro.

No organismo aparentemente inerte da crisálida, aquelas células do segundo tipo, as que haviam permanecido estacionadas como simples retardatárias, já fervilham num processo de multiplicação acelerada.

Essas células retardatárias desatam a modelar o corpo de um segundo bicho, ou seja, de um inseto adulto. Para ceder espaço a esse novo orga-

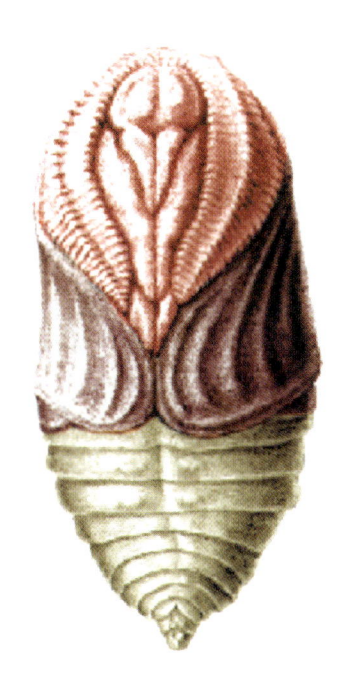

Pupa de mariposa. Dá para perceber as divisões entre o setores onde estão se formando as diferentes partes da futura mariposa: em castanho claro, o setor das antenas, cabeça e patas; em castanho escuro, o setor das asas: em esverdeado, o setor do abdome.

nismo em formação, as sobras da antiga lagarta precisam desaparecer. E sem perda de tempo!

Atendendo a essa necessidade, as velhas células, os tecidos e os órgãos da ex-lagarta começam a se desintegrar, a se transformar num suco viscoso e ligeiramente mal-cheiroso. Quanto à aparência, esse líquido chega a ser repulsivo, mas a sua composição é a de um caldo nutritivo e destinado a fornecer o alimento necessário para as novas células em fase de multiplicação.

Mesmo assim, uma boa parte do corpo da lagarta não é destruída e transformada em suco. Permanece intacta, por exemplo, a região onde as células do primeiro tipo já haviam modelado os esboços de uma futura cabeça, de um par de antenas e de meia dúzia de patinhas compridas. E também não sofrem nenhum dano os dois pares de pequenas asas carnudas, ou asas rudimentares, instalados ao longo do tórax. Em pouco tempo, essas estruturas pioneiras ficam atreladas a tudo o que foi construído, depois, pelas células retardatárias. Surge um organismo. O corpo de uma borboleta, ou de uma mariposa, agora está completo.

* * *

Um dia, numa simples brincadeira de garoto, arranquei a pele de uma grande lagarta verde, pouco antes de sua transformação em crisálida. Fiz isso sem saber que ela logo estaria passando por um momento tão especial. Chamei-a de *borbogarta* por ter encontrado asinhas carnudas, escondidas debaixo de sua pele e, sem o menor remorso, joguei-a num frasco com álcool.

Se a tivesse deixado viver, a *borbogarta* teria se tornado um inseto adulto, uma belíssima mariposa-espelho*. Deixando para trás um casulo vazio, ela voaria a procura de seu par e, como fruto de um breve acasalamento, a história fantástica da metamorfose recomeçaria a partir de um minúsculo ovo. Abandonado sobre a superfície de uma folha, ele pareceria um insignificante planetinha esférico e sem vida, perdido num universo de vegetação. Mas, lá em seu interior, imersa num microscópico silêncio, uma estranha e complexa irmandade de células já estaria elaborando um maravilhoso projeto: o de uma futura *borbogarta*, uma criatura efêmera mas capaz de acomodar, dentro de si, as duas existências de um único ser.

Ver página 129, fig. 66.

Aberto, o desenho mostra a forma da mariposa.

A forma do ovo quase recoberta pelas asas da mariposa, pela parte superior da pupa e por um pedaço da pele da lagarta.

O ovo enganador já completo.

Muito tempo depois de ter matado a *borbogarta*, fiz um desenho que resumia toda a metamorfose daquela mariposa-espelho numa única figura e com a forma de um ovo. O resultado foi um ovo muito estranho, quase enigmático, mas que exprimia muito bem a, não menos estranha, história do "ovo enganador".

Caçador de imagens

Centenas de outras histórias biológicas, tão fascinantes como a da metamorfose, faziam-me esquecer dos tempos de colecionador e me davam vontade de ficar escrevendo sobre aqueles animais. Mas, uma transformação de caçador de insetos para contador de histórias, não se daria de uma hora para outra. Além disso, eu ainda iria atravessar uma longa fase, atuando como caçador de cobras, trabalhando por quase dez anos no Instituto Butantan.

Ali, entre outros aparelhos, eu manipulava uma possante lupa binocular para desenhar pequenos detalhes dos crânios das serpentes. Entretanto, depois do horário de trabalho, não resistia à tentação de usar suas lentes – com um aumento de quarenta vezes – para bisbilhotar a anatomia de insetos bem pequeninos.

O meu entusiasmo em superdimensionar os bichos tornou-se ainda maior quando tive a oportunidade de examiná-los através de um microscópio eletrônico, recém-adquirido pela instituição. Com aumentos ainda bem modestos – de cem a duzentas vezes – as características do pequeno corpo de uma abelha, por exemplo, já podiam ser visualizadas com muita precisão. Era como se me encontrasse diante de um inseto do tamanho de um carro e pudesse me deleitar com os menores detalhes de seu "acabamento".

A montagem realizada com onze detalhes espalhados pelo corpo de uma abelha gera um cenário fantástico. Ele dá uma idéia do que um "passeio" de microscopia eletrônica pode revelar, enquanto vai focalizando uma seqüência de elementos da superfície do inseto.

1 – *garras da pata*
2 – *garra da ponta da pata, mais ampliada*
3 – *articulação da base da antena*
4 – *pente da pata dianteira, em forma de arco, para limpar a antena*
5 – *ponta do palpo labial*
6 – *formações microscópicas de um artículo da antena*
7 – *palpo maxilar*
8 – *articulação da coxa*
9 – *artículos tarsais*
10 – *ponta do palpo labial*
11 – *formações pontiagudas da base da antena*

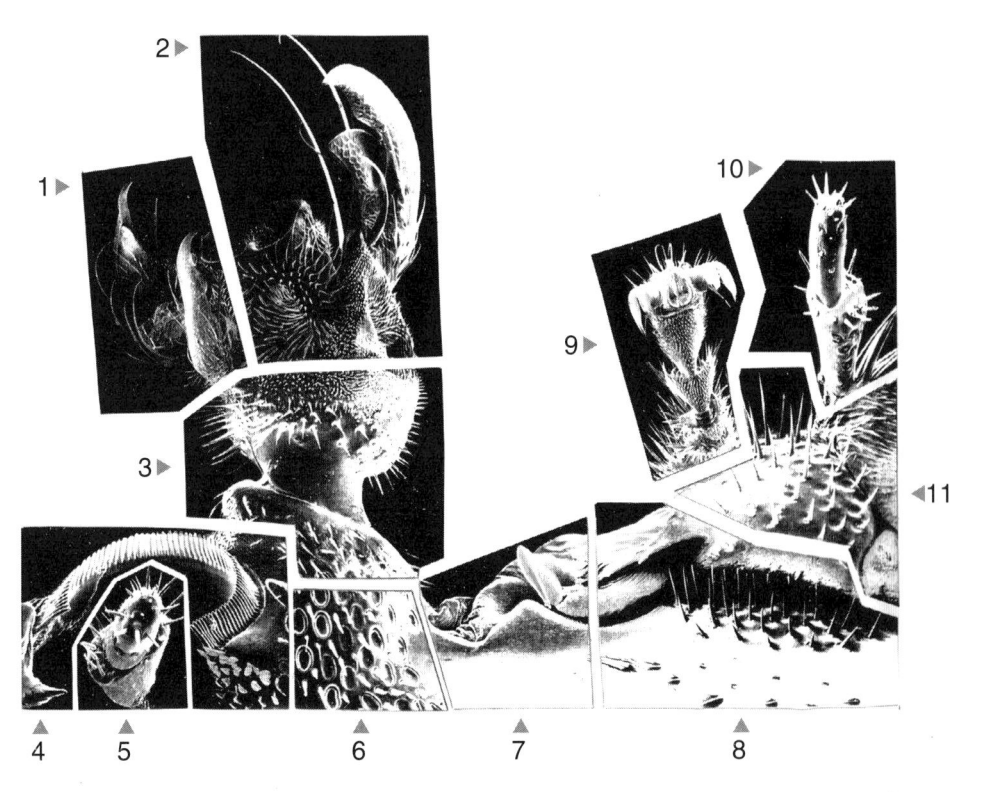

Graças à microscopia eletrônica, as minúsculas patas, antenas e mandíbulas dos insetos, deixavam de representar um limite para as minhas observações. Comecei a visitar a intimidade daquelas mesmas estruturas e a devassar os espaços criados entre as menores articulações. Auxiliado pela iluminação quase ofuscante do microscópio eletrônico, eu conseguia deslocar meu campo visual rente à superfície corporal de uma abelha, por exemplo, fazendo com que as lentes deslizassem sobre o animal como num prolongado mergulho. As imagens destacavam-se de uma total escuridão e só me mostravam alguns pequeninos setores da carapaça que envolvia o bicho. Às vezes, faziam-me pensar em esculturas esquisitas que dificilmente alguém identificaria como órgãos de um inseto. Em algumas situações, elas se assemelhavam a organismos marinhos, agrupados em formações submersas, em outras, pareciam elementos retirados do reino vegetal.

Infelizmente, o microscópio tornara-se disputadíssimo por uma multidão de técnicos e cientistas, para finalidades bem mais importantes do que realizar turismo microscópico, visitando carapaças de insetos. Sem nenhuma alternativa, retornei à velha lupa entomológica e, mesmo sem contar com o equipamento adequado, tentei fotografá-los através das lentes do aparelho. Desapontado com os resultados, comecei a usar uma câmera fotográfica com lentes especiais para grandes aproximações.

Não demorou muito para que o novo equipamento me estimulasse a praticar alguns divertidos vôos rasantes sobre os arbustos dos jardins, fazendo-me lembrar das antigas emoções proporcionadas por um avião de brinquedo. Percebi, então, que podia considerar aqueles tempos de bombardear lagartas gigantes como um certo tipo de treinamento. A experiência adquirida quando eu ainda era um exímio piloto de mentira iria me ajudar bastante em novas aventuras no campo da fotografia.

De fato, quando passei a metralhar os pequeninos habitantes das folhagens, fazendo pipocar os cliques de uma câmera, senti que estava agindo com bastante rapidez na escolha do ângulo, na obtenção do foco e no posicionamento do flash. Todo esse conjunto de ações era de fundamental importância para conseguir alguns flagrantes daqueles seres esquivos, dotados de uma incrível agilidade e capazes de desaparecer, diante das lentes, como num passe de mágica.

O inesperado reencontro com o mundo dos insetos, através da fotografia, me fez deixar o Butantan. Tornei-me um fotógrafo de bichos, mas com todas as manhas de um ex-bombardeador de lagartas gigantes, ex-caçador de insetos e ex-caçador de cobras. Foi esse estranho currículo que me deixou bem à vontade na profissão de um... caçador de imagens.

Senti-me muito satisfeito, desempenhando a nova função de fotógrafo da natureza. Sem dúvida, melhor compreendido e muito mais admirado que um caçador de insetos, qualquer caçador de imagens podia exibir seus "troféus de celulóide" sem nenhum constrangimento. E, ainda por cima, seus melhores troféus acabavam, às vezes, dependurados nas paredes de alguma galeria de arte, como um atestado de suas habilidades fotográficas. É exatamente essa idéia de troféu de celulóide que eu tentei passar numa das cartas-recordação.

Assim mesmo, o verdadeiro destino do meu trabalho de macrofotografia não seria o de decorar paredes, mas o de ilustrar as reportagens que eu iria publicar, durante um período de quinze anos, em diversas revistas nacionais e estrangeiras.

Contrariando os antigos planos de colecionar e vender insetos, me transformei num profissional que conseguia ganhar a vida fotografando-os e divulgando seus hábitos.

* * *

Tive muita sorte, pois a Editora Abril começou a publicar meus trabalhos na revista Realidade, depois, na Ciência Ilustrada e, mais tarde, na Superinteressante.

A profissão de caçador de imagens me proporcionou um grande número de viagens e acabou me conduzindo às regiões pouco conhecidas da África e da Ásia, lugares que tanto sonhara visitar quando ainda era um caçador de insetos. Mas, enquanto permanecia em São Paulo, eu continuava viajando por terrenos baldios e parques públicos, tentando conservar em celulóide as imagens de uma fauna de insetos que ia desaparecendo.

Minha metamorfose de comportamento seguia seu curso.

Venenos perfumados

Durante uma longa "fase de crisálida", percebi que muitos dos meus conhecimentos sobre a natureza haviam sido adquiridos ainda na infância e estavam sendo trocados por outros de maior consistência. Essas substituições eram, muitas vezes, radicais e surpreendentes. Eu estava experimentando uma verdadeira metamorfose de conceitos. Por exemplo, sempre me parecera que uma borboleta iria desovar, nesta ou naquela planta, movida por intenções maternais, ou seja, depois de escolher as folhas de uma planta bem tenra e saborosa para satisfazer o paladar de suas futuras lagartinhas. Essa noção acabou sendo substituída por um conhecimento muito mais interessante. Aprendi que, no momento da desova, nenhuma borboleta fica preocupada com sua prole. Elas passam a agir como se estivessem enfeitiçadas. Cada espécie se comporta de acordo com a sua maior ou menor atração por cheiros, formas e cores dos vegetais.

Na maioria das vezes, os cheiros podem ser muito atraentes para elas – borboletas – e nem sequer percebidos pelo olfato humano. Esses aromas se desprendem de substâncias químicas bem complexas, chamadas de alcalóides e de hormônios vegetais. Ambas são produzidas em pequenas quantidades pelas plantas. Os alcalóides, em particular, podem se mostrar bastante tóxicos e acabam sendo classificados como venenos.

Alcalóides e hormônios não costumam nos cativar com seus aromas, mas podem nos proporcionar um espetáculo biológico tipicamente teatral. Os dois são capazes de atuar como essências atraentes e – ao mesmo tempo – como fedores ou sabores bem repulsivos. Suas artimanhas amalucadas envolvem vários animais diferentes durante o espetáculo. Os bichos tornaram-se alvo de verdadeiras travessuras, criadas por essas substâncias químicas que passei a chamar de – *essências endiabradas*.

Creio que assisti aos seus melhores espetáculos e posso resumi-los numa seqüência de episódios com a característica de uma peça teatral dividida em três atos. As personagens foram criadas por mim, mas representam exatamente os fenômenos que são encontrados, aos milhares, pelos estudiosos dos relacionamentos entre plantas e insetos.

Borboleta-estrela

Primeiro ato: A proteção venenosa de uma borboleta-estrela

Personagens: Ervas-bruxa
              Essências endiabradas
              Borboleta-estrela
              Lagartas-estrela

O palco está recoberto de capim onde despontam os caules de algumas ervas-bruxa floridas. Elas são venenosas e a maioria dos animais as evita, mas, assim mesmo, servem de alimento para as lagartas da borboleta-estrela.

As *essências endiabradas*, encontradas nessas ervas, estão exalando um odor atrativo para todas as borboletas-estrela que já foram fecundadas e que precisam desovar. Uma delas já se aproxima voando. O estranho colorido das flores começa a ganhar força como atrativo visual e coloca o inseto numa reta final para o pouso sobre uma das folhas da erva-bruxa. A borboleta-estrela deposita alguns ovos e voa para longe. Quando as pequeninas lagartas-estrela nascerem, vão permanecer crescendo durante semanas ou meses, banqueteando-se à vontade com as folhas da erva-bruxa; folhas que podem ser muito repelentes ou causar intoxicações para outros bichos.

É como se a natureza estivesse ditando regras alimentares e monitorando as dietas dos animais por intermédio das *essências endiabradas*. Aliás, a estratégia funciona muito bem, pois evita que os bichos comedores de plantas se concentrem em demasia num ou noutro vegetal e se transformem num risco para a sobrevivência de certas espécies botânicas.

O interessante é que as *essências endiabradas* têm o poder de permanecerem quimicamente ativas nos organismos das lagartas, tornando-as indigestas para muitos animais, isto é, protegendo-as. No lado esquerdo do palco, algumas lagartas-estrela, que já haviam se transformado em crisálidas, agora surgem transformadas em borboletas. Um pássaro invade o palco, ataca e engole uma borboleta-estrela. Logo depois, fica completamente tonto, com acessos de vômito. O infeliz foi vítima das mesmas essências endiabradas que circulavam no corpo da lagarta-estrela, depois passadas para o corpo da borboleta, durante a metamorfose. O inseto já saíra da crisálida tão impregnado de veneno como a própria planta da qual se alimentara na fase de lagarta. Devido a essa estratégia, as borboletas-estrela se tornam repelentes o bastante para que muitos pássaros insetívoros aprendam a evitá-las como alimento, mesmo antes de engoli-las.

Até aqui, temos uma visão parcial do espetáculo. Primeiro, vimos que uma *essência endiabrada*, ao contrário de defender uma erva, funciona como chamariz para que as borboletas-estrela encontrem alimento para suas lagartas comedoras de folhas. Depois, soubemos que as *endiabradas* ainda servem de proteção, tanto para as lagartas como para as futuras borboletas. Mas não se iludam. Este foi apenas o primeiro ato.

Segundo ato: a mosca caçadora-de-lagartas

Personagens: Essências endiabradas
              Lagartas-estrela
              Moscas caçadoras-de-lagartas
              Larvas carnívoras

No princípio do espetáculo, algumas lagartinhas-estrela recém-nascidas estavam mordiscando as folhas da erva... ainda sem causar grandes

Lagarta estrela e crisálida estrela.

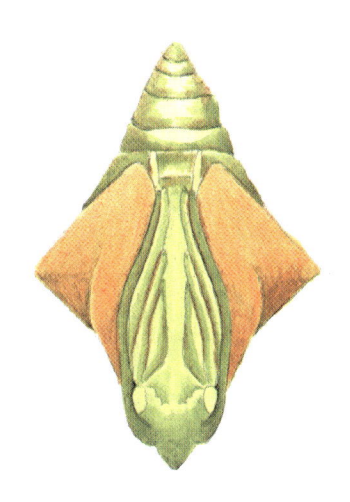

estragos. A previsão era a de que todas iriam se transformar em borboletas. O segundo ato principia com aquelas lagartas já crescidas e, a partir de então, a história pode ganhar outro rumo. Um fato inesperado se dá, quando os cortes provocados pelas mandíbulas das lagartas tornam-se profundos e extensos, fazendo evaporar uma quantidade bem maior de *essências endiabradas* através da seiva derramada. Nesse momento, seu aroma se espalha sorrateiramente pelo cenário como um alarme dissimulado.

Agora ele pode ser captado bem longe do nosso palco. Pelo menos a uns três quarteirões de distância. O odor é detectado pelas antenas de uma certa espécie de mosca e, em seguida, passa a guiá-la até a planta que está sendo comida pelas lagartas.

Daí por diante, qualquer uma das lagartas-estrela transforma-se num alvo em potencial para uma das moscas recém-chegadas.

Depois de escolher sua presa, a mosca salta-lhe em cima e gruda-lhe um ovo sobre a pele. Em poucos minutos, uma diminuta larva sai do ovo e penetra no corpo da vítima. É o bastante para que a lagarta-estrela fique condenada a ser devorada viva. Aos poucos, suas entranhas serão engolidas pela cria da mosca, isto é, por uma larva carnívora. Mas, de início, a pequena larva carnívora só ingere líquidos, gorduras e partes do corpo que não sejam de importância vital para a lagarta. Por isso, a coitada continuará viva e alimentando-se das folhas, durante várias semanas. A lagarta-estrela só irá morrer quando estiver atravessando a fase de crisálida. Este é o prazo necessário para o desenvolvimento de uma robusta e bem nutrida larva carnívora. Só então, ela abre um orifício na parede da crisálida e vai se acomodar bem ao centro do palco. A essa altura, o público se mostra visivelmente irritado. Algumas senhoras sentem-se nauseadas com o repasto da larva carnívora. Uma criança chorona esperneia-se no assento, indignada com a destruição de uma futura borboleta-estrela.

A sorrateira carnívora continua impassível. Lentamente, ela se transforma numa pupa pequenina e roliça, recoberta por uma casca castanho escura. Um grande silêncio instala-se no teatro. Ninguém suspeita que, dali a pouco, o animal irá roubar o espetáculo com a apresentação de um número sensacional.

É claro que, de dentro da pupa, sai uma mosca caçadora-de-lagartas adulta. Mas quando o bicho surge de dentro da casca da pupa, um murmúrio de espanto percorre a platéia. O bicho aparece com a cabeça rachada, ou seja, partida ao meio! A rachadura é conseqüência da expansão de um pequeno balão, inflado pelo organismo da mosca a partir do interior da cabeça.

Foi o balãozinho que empurrou uma espécie de tampa, situada numa das extremidades da pupa, abrindo-a como se fosse um alçapão de saída para a mosca adulta. Já de pé, no centro do palco, a mosca também surpreende pela esquisitice. Seu corpo permanece úmido e ligeiramente gosmento. As asas, ainda moles e um tanto murchas, estão inertes e grudadas ao corpo. Meia dúzia de patas espinhentas e cambaleantes parecem exercitar-se nervosamente para enfrentar uma nova vida.

De repente, o balãozinho começa a murchar e a ser recolhido através da abertura do crânio. Lentamente, a face da mosca caçadora fecha-se de encontro ao resto da cabeça, para nunca mais se abrir.

Portanto, o papel do incrível balão foi o de romper a casca de uma pupa... e nada mais. Depois de reabsorvido pelo organismo do inseto ele desaparece para sempre. E, assim, já enxuta e com sua forma definitiva, uma nova mosca caçadora, e não uma borboleta-estrela, sai voando do palco, dá um rasante sobre a lustrosa careca de um espectador, abandonando o teatro à procura de parceria para um acasalamento.

Mosca com balão inflado e cabeça da mosca se fechando.

* * *

A platéia está perplexa. Este segundo episódio parece saído de algum compêndio de bruxaria.

Pior ainda, as *essências endiabradas* bagunçaram o enredo da história durante o segundo ato. Funcionando como um alarme, disparado pela erva, elas atraíram as moscas caçadoras e condenaram as lagartas comedoras de folhagem a uma morte certa. Adeus às futuras borboletas-estrela! As incríveis substâncias químicas parecem haver "mudado de time" e passado a defender as plantas.

Aliás, podem chegar a defendê-las muitíssimo bem. Com freqüência, as moscas caçadoras conseguem localizar e dizimar populações inteiras de lagartas que estejam espalhadas entre as ervas vizinhas. Traídas pelo cheiro liberado por suas próprias mordidas, as lagartas morrem às centenas.

Em resumo, o alarme químico funciona mesmo!

Terceiro ato: A vespinha salvadora e o triunfo de uma borboleta

Personagens: Essências endiabradas
Lagarta-estrela
Larva carnívora da mosca caçadora
Micro-vespa
Micro-larva
Borboleta-estrela

Os papéis desempenhados pelas *essências endiabradas* são muito mais esquisitos do que se pode esperar. Neste terceiro ato, então, o enredo da história parece virar de cabeça para baixo, pois o alarme químico consegue atrair para o palco outra inesperada criaturinha e, com ela, mudar inteiramente o rumo dos acontecimentos.

A recém-convidada a participar da história é uma espécie de vespa, tão pequenina que dificilmente seria vista pelo público sem o uso de lentes. Suas larvas são minúsculas e precisam se alimentar daquelas larvas de moscas que, por sua vez, devoram lagartas de borboletas-estrela. Tal como a mosca caçadora, a micro-vespa é atraída pelo cheiro das *essências endiabradas*, localiza as ervas-bruxa espalhadas pelo palco e também encontra as lagartas-estrela. Com uma incrível facilidade, a micro-vespa é capaz de distinguir qualquer uma das lagartas que ainda esteja sendo devorada por dentro e, em questão de segundos, injetar-lhe um ovo logo abaixo da pele.

Uma micro-larva nasce desse minúsculo ovo e enfrenta uma tarefa complicadíssima. Primeiro, ela deve mergulhar profundamente no corpo da lagarta-estrela e, sem causar danos, localizar a larva da mosca que já estava crescendo lá dentro. Encontrando-a, ela tem que penetrar em seu corpo para começar a devorá-la!

Conseguindo realizar tal proeza, a micro-larva tem possibilidade de crescer e de completar o seu ciclo biológico. Para tanto, ela abandona o corpo destruído da larva carnívora e atravessa – de volta – o corpo moribundo da lagarta-estrela. Nesse momento, a micro-larva já cumpriu sua missão e está no ponto de tornar-se uma micro-vespa adulta.

Entusiasmadas com o desempenho da micro-larva, as crianças começam a bater palmas. A lagarta-estrela irá morrer mas foi vingada! Uma disfarçada sensação de alívio também se instala no público adulto.

Mas, de repente, começa a ocorrer um episódio ainda mais assombroso, num outro ponto do palco. Uma micro-larva penetrou no corpo de uma larva de mosca ainda pouco desenvolvida e conseguiu devorá-la com rapidez. Com isso, salvou uma boa parte do corpo daquela lagarta-estrela que estava sendo comida. Portanto, apenas um pouco de gordura e alguns tecidos musculares chegaram a ser consumidos pela larva da mosca, justamente aqueles que iriam se dissolver dentro da crisálida durante a construção da borboleta.

Embora meio carcomida, a lagarta-estrela ainda conta com as principais condições de completar a metamorfose e tornar-se um inseto adulto. Ao final do espetáculo, já transformada numa belíssima borboleta-estrela, ela sai de sua crisálida, desenrola as asas e voa triunfante sobre um público emocionado.

A platéia vai ao delírio e, de pé, aplaude o gracioso esvoaçar da borboleta-estrela e o desfecho emocionante da história.

Foi um verdadeiro tumulto o que as *essências endiabradas* provocaram, durante esse estranho espetáculo biológico. O público pode deixar o teatro imaginando-as como substâncias do tipo: facas-de-dois-gumes ou, no mínimo, "mascaradas". Enfim, combinando muito bem com o mundo surpreendente dos insetos.

Ora, lagarta da borboleta-estrela só foi salva pela larva da vespinha porque esta também sentiu-se atraída pelo cheiro da erva-bruxa. Com isso, quem ficou em vantagem nesse final surpreendente foi – de novo – o time das devoradoras de plantas.

Sem dúvida, os diferentes papéis que as *essências endiabradas* representaram, em cada um dos episódios, dão a impressão de que elas não passam de incorrigíveis sabotadoras de suas próprias ações. Uma grande incoerência? Não. Esses seus artifícios de ficarem "trocando de time" distribuem-se tão bem, na natureza, que o verdadeiro sentido do espetáculo pode ser expresso com uma única palavra: equilíbrio.

Na verdade, as responsáveis pelo grande equilíbrio na natureza são antiqüíssimas engrenagens bioquímicas, um número incalculável de fenômenos que vêm se ajustando, entre plantas e comedores de plantas, por centenas de milhões de anos.

Não seria de espantar que, nos primeiros quatro ou cinco anos da minha "fase de crisálida", eu estivesse despreparado para compreender essa milenar e monumental máquina biológica. Assim mesmo, dava-me por satisfeito com as migalhas de conhecimento que ia recolhendo, ora nas páginas dos livros, ora diretamente da natureza.

Numa carta-recordação procurei representar o tortuoso caminho das substâncias endiabradas de uma maneira lúdica: no desenho, as nervuras da parte inferior e sombreada de uma folha transformam-se nas nervuras das asas de uma borboleta ou trata-se, apenas, de uma borboleta voando, meio sombreada, por debaixo de uma folha? Neste caso, o alinhamento de nervuras seria uma simples coincidência.

O que a carta realmente representa é a presença de um venenoso alcalóide (representado pelas caveiras que transparecem nas duas gotas), um produto que pode circular pelas folhas, ser assimilado pelas lagartas e, depois, ser transportado pelas borboletas. Por isso, a continuidade das nervuras estabelece uma ligação entre as nervuras da folha e as das asas da borboleta. É o caminho percorrido pelo alcalóide. A borboleta é fortemente atraída pelo odor da substância química e, por isso, parece estar sendo capturada pela folha nas duas extremidades da ilustração.

Enfeitiçado pelo estudo desses fenômenos, durante minha "fase de crisálida" eu quase não pegava nenhum inseto e os poucos bichinhos apanhados nada tinham a ver com beleza ou raridade. Passei a recolher, por exemplo, os casulos ou as crisálidas de borboletas que estivessem parasitados por larvas carnívoras de certas espécies de moscas. Então ficava à espera da eclosão das moscas adultas, para poder identificar suas espécies e estudar os seus hábitos. Algumas vezes, quem saía lá de dentro era uma vespinha hiperparasitóide que, na forma de micro-larva, havia liquidado com a larva carnívora da mosca!

Ora, poucos anos antes e com muita raiva, eu mataria e jogaria fora qualquer bichinho "feioso" que saltasse de dentro de um casulo no lugar de uma borboleta.

Quem diria... estudando as sensacionais maneiras de viver dos insetos, acabei transformado num colecionador daquelas mesmas criaturinhas que sempre havia desprezado.

De um modo geral, a "fase de crisálida" proporcionou-me a visão de fatos inesquecíveis. Foram pequenas amostras colhidas num mundo inesgotável de fenômenos, mas transformaram totalmente as minhas vagas noções de Biologia.

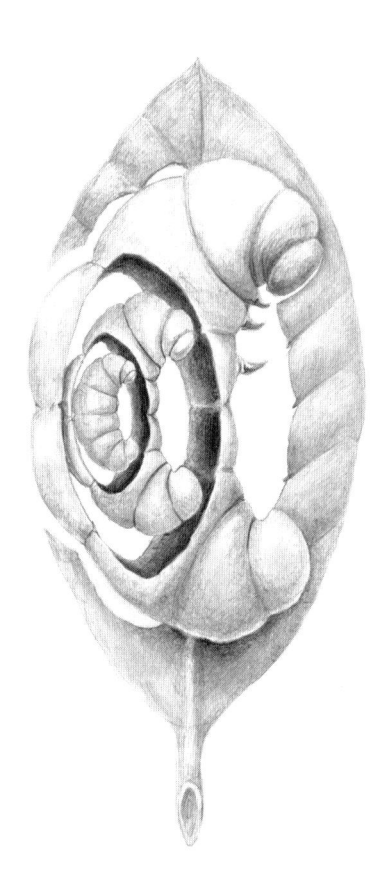

A história da mosca e da vespa me impressionou bastante. Este esboço a lápis é um resumo do episódio e quase inspirou uma das cartas-recordação. A figura mostra uma folha carcomida por uma lagarta que carrega uma larva carnívora alojada em seu corpo. Esta, por sua vez, está abrigando uma larva ainda menor.

Matagal Super Market

Nem sempre eram agradáveis aquelas descobertas. Algumas tristes histórias também iriam ser aprendidas durante minha "fase de crisálida".

A mais amarga de todas foi a do desaparecimento da rica fauna de insetos do meu bairro.

Ainda garoto, eu percebia que os terrenos baldios do Jardim Paulistano, do Jardim Europa, de Pinheiros e do Itaim Bibi estavam acabando e que, ao mesmo tempo, dezenas de espécies de borboletas iam sumindo. Na ocasião, achava que elas haviam se espantado com a quantidade de obras e com o movimento cada vez maior dos carros, que haviam perdido temporariamente sua habitual tranqüilidade para esvoaçar por ali. Mas as novas residências tornaram-se rapidamente enfeitadas com belos jardins e, ingenuamente, eu acreditei que as borboletas logo estariam voando pelas vizinhanças. Que nada! A maioria delas havia ido embora... e de vez!

Eu não via nenhuma ligação entre aquele fato e a retirada dos capins, das ervas e do resto das plantas que ocupavam os terrenos do bairro. Habituara-me a lidar com as plantas de uma maneira muito particular. Na mamona, por exemplo, eu colhia os frutos revestidos de espinhos molengas para usá-los no meu estilingue. Durante violentos combates com a molecada da vizinhança, os frutos-bala da mamona nos machucavam bem pouco, só era preciso tomar cuidado com os olhos. Naquela época, nem me passava pela cabeça que a mamona era a planta alimento da belíssima mariposa-espelho[66] (aquela da *borbogarta* e do *ovo-enganador*).

66 ***Rotschildia sp.***
Tamanho natural
Mariposa-espelho de espécie semelhante a que eu encontrei na forma de borbogarta.

Acima:
67 *Danaus plexippus*
ENVERGADURA: *9 CM*

68 *Danaus gilippus*
ENVERGADURA: *6,5 CM*

Ao lado:
69 *Historis odius*
ENVERGADURA: *12 CM*
Borboleta de vôo muito rápido.

Também não sabia que as lagartas das borboletas monarca[66,67] alimentavam-se das folhas delicadas e tóxicas das *ervas-de-rato*, plantinhas que brotavam até nas rachaduras das antigas calçadas da Mariana Correia. Por isso, quando lia nos livros americanos e europeus sobre as proezas das monarcas migratórias, acreditava que as monarcas que voavam pela minha rua realizavam viagens espetaculares através dos continentes.

E a imbaúba? A coitada não passava de outra grande desprezada pelos paisagistas. Logo deixou de ser vista no bairro. Junto com ela, desapareceriam suas notáveis formiguinhas, tão obedientes ao "chamado especial" que só eu conseguia assobiar.

Mas a imbaúba era também a *planta alimento* das lagartas de duas borboletas muito difíceis de pegar. A uma delas eu chamava de *zebrinha*[47], aquela alcoólatra incorrigível que eu atraía com cachaça. A outra era a *marronzona*[69], uma espécie agressiva para com outras borboletas que também pousavam nas frutas podres.

Próximo à minha casa, eu jamais teria me deparado com tantas *asas-de-hélice* diferentes, se por ali não brotassem as mais variadas espécies de maracujás silvestres e cultivados. As *hélices-azuis*[70] não eram tão freqüentes como as *hélices-malhadas*,[72] as *hélices-laranja*,[71] as *pingos-de-prata*[73] e as *paulistinhas*[74]. Suas lagartas sobreviviam graças aos maracujás dos terrenos baldios. Dentro dos quintais, elas eram quase sempre destruídas pelos jardineiros.

70 **Heliconius sara**
   ENVERGADURA: *7 CM*

71 **Dryas iulia**
   ENVERGADURA: *8 CM*

72 **Heliconius ethilla narcea**
   ENVERGADURA: *9 CM*

73 **Agraulis vanillae**
   ENVERGADURA: *6,5 CM*

74 **Heliconius erato**
   ENVERGADURA: *7,5 CM*
   As lagartas dessas borboletas alimentam-se das folhas de várias espécies de maracujás.

Para os bichos comedores de plantas, a vegetação de um terreno baldio representava um verdadeiro supermercado para atender a todos os gostos. Cada planta poderia ser olhada como um conjunto de prateleiras daquele estabelecimento, oferecendo os mais variados produtos vegetarianos: sementes, frutos, flores, folhas, caules e raízes. Como eu ainda ignorava tudo isso, não imaginava que o sumiço de uma grande quantidade de insetos havia sido provocado pela retirada da vegetação dos terrenos baldios.

Uma das cartas-recordação mostra uma forma de visualizar o potencial alimentício de um único arbusto, dentro do grande Matagal Super Market que um terreno repleto de plantas diferentes representa para a fauna de insetos. Um móvel colocado sobre um piso listrado exibe as dietas vegetarianas, para vários tipos de insetos. Elas são mostradas através das diferentes embalagens, acomodadas em prateleiras que se apóiam sobre um tripé. A figura também pode ser olhada como um esquema de um arbusto, onde os frutos, flores, folhas e sementes são apresentados sobre galhos em forma de prateleiras. Nesse caso, o tripé passa a ser um sistema de raízes, penetrando através de três camadas de solo.

Bandeirinhas voadoras

Com muita razão, os novos proprietários de residências queriam ver seus Matagais Super Markets inteiramente limpos e, de preferência, raspados pelos tratores. Se nenhuma árvore de grande porte era poupada, quem iria se preocupar com os arbustos e as plantas menores? Costumavam chamá-las de matinho ou, pior ainda, de mato sujo. Elas foram eliminadas, até mesmo, dentro dos parques públicos de São Paulo, arrancadas durante décadas pelas sucessivas prefeituras da cidade. Afinal, era um tipo de vegetação considerada desinteressante pelos paisagistas e olhada como esconderijo de bichos indesejáveis pelo resto da população. Enfim, estava mesmo condenada a desaparecer.

Quando rarearam os matinhos, acabou-se a comida para uma infinidade de insetos e, como conseqüência, sumiram quase todos os pássaros insetívoros que ainda sobrevoavam os bairros.

Como se não bastasse a destruição dos matagais, foram jogadas muitas toneladas de veneno sobre os jardins da cidade!

Afinal, toda a década de cinqüenta havia sido um momento de glória para os fabricantes de inseticidas. Isso acontecera, graças à vitoriosa utilização do DDT, em forma de pó, ao combater as infestações de piolhos causadas pela Segunda Guerra Mundial. Só aos poucos é que foi sendo oficialmente admitido o tremendo perigo daquele inseticida e de seus derivados. Isso, quando usados sob a forma líquida, borrifados sobre as plantas e, depois, ingeridos por animais e pessoas. Mas, nem assim, foram tomadas as devidas providências.

A grande maioria das publicações destinadas aos agricultores, jardineiros e paisagistas era parcialmente patrocinada por fabricantes de agrotóxicos. Naquelas páginas, aprendia-se a encarar os insetos, e muitos outros animais, como pragas intoleráveis. Como conseqüência, os amantes da jardinagem do pós-guerra armaram-se com borrifadores de DDT e adotaram o lema de que "inseto bom é inseto morto".

Em outras palavras, uma planta só poderia ser considerada bem tratada se não apresentasse uma única mancha ou cicatriz, causada por bichinhos de qualquer espécie. Em relação aos frutos e hortaliças, tão importantes para o nosso consumo, essa crença atingiria o seu mais alto grau – uma verdadeira histeria – e definitivamente viraria moda.

Ao mesmo tempo, ganhava força uma outra moda, muito menos perigosa que a dos venenos, mas que também ajudava a expulsar a antiga bicharada porque eliminava as suas fontes de alimento. Uma boa parte dos moradores da *cidade mutante* mudava-se para prédios de apartamentos. Suas casas iam sendo demolidas e davam lugar aos edifícios. Em cada uma daquelas demolições, perdiam-se dezenas de ameixeiras, jabuticabeiras, mamoeiros, goiabeiras, pessegueiros, enfim, um número enorme de frutíferas. A grande onda de construções também expulsava os modestos chacareiros que viviam do fornecimento de frutas, legumes, verduras e plantas ornamentais para os moradores de seus próprios bairros.

Um dia me explicaram porque não eram replantadas as frutíferas nos jardins dos novos prédios: ninguém queria saber de encrencas, entre moradores ou empregados, causadas pela disputa dos frutos.

Mas o golpe de misericórdia que os moradores da *cidade mutante* iriam desferir nos insetos já estava prestes a acontecer: o fim dos quintais.

Desde o começo dos anos cinqüenta falava-se – cada vez mais – em paisagismo, uma outra moda que começava a ditar suas regras. Provavelmente, foi com a chegada dessa moda que se ouviu falar – cada vez menos – a palavra quintal. As casas passaram a ser rodeadas por uma vegetação cuidadosamente escolhida por profissionais de renome. Não se fazia nenhuma previsão de espaço para pomares ou hortas.

Sempre com a participação das plantas da moda, multiplicavam-se os jardins de inverno, os canteiros geométricos ou em forma de ameba, os jardins rochosos e os espelhos d'água.

Era a hora e a vez dos paisagistas e de seus modernos jardins. Mas também foi a hora em que os parques da cidade se entulharam de bosques de eucaliptos, de canteiros de azaléias e de extensos e verdes tapetões de grama, enfim, de vegetais intragáveis para a grande maioria dos insetos.

Isso aconteceu quase simultaneamente com a grande perda das hortas e dos pomares usados com fins lucrativos, com a destruição dos matinhos e com o emprego de inseticidas. Um dia, os lampiões dos novos jardins amanheceram sem mariposas ao seu redor.

Acima:
75 **Mechanitis lysimnia**
ENVERGADURA: *7 cm*

76 **Methona themisto**
ENVERGADURA: *8 cm*

77 **Chlosyne lacinia**
ENVERGADURA: *4 cm*

Abaixo:
78 **Citheronia lacoon (macho)**
ENVERGADURA: *7 cm*

Em vão eu esperava, por exemplo, pelo retorno das *preponas* azuis. Nos novos jardins, não havia a planta-alimento para suas lagartas porque ninguém mais se interessava por abacateiros. Coitadas, acabaram-se também os terrenos desocupados que abrigavam uma legião de Armandos, Catarinas e seus banheiros ecológicos ao ar livre, tão interessantes para quem quisesse observar, bem de perto, as *preponas* adultas relambendo-se satisfeitas.

Mas, na época, eu me comportava como um ávido apanhador de bichinhos e não percebia as proporções da destruição de animais e de plantas que iria acontecer à minha volta. Muitas daquelas borboletas e mariposas que costumavam visitar as flores e as lâmpadas da minha casa, deviam estar nascendo nos jardins dos meus próprios amigos... sem que eu soubesse. Semanas antes de terem sido apanhadas por mim, elas talvez vivessem como lagartas da *hélice-jaguatirica*[75] no tomateiro da casa do Cláudio, da *hélice-transparente*[76], nos manacás cultivados pela empregada do Braga, da *laranjinha-e-preta*[77], no gigantesco pé de girassol criado pelo pai do Miguel ou da mariposa *cheiro-de-mato*[78], na goiabeira plantada pela mãe do Leopoldo.

Com um pouco mais de conhecimento, eu teria descoberto que as borboletas eram criaturas fáceis de serem identificadas e, em seguida, associadas às plantas que serviam de alimento para suas lagartas. Por isso, a presença constante de uma espécie de borboleta me indicaria a existência desta ou daquela planta, dentro dos limites do meu bairro, mesmo que não me fosse possível localizar o vegetal. Elas eram verdadeiras bandeirinhas de sinalização... esvoaçantes.

Numa carta-recordação, eu desenhei as flâmulas ou bandeirinhas com aparência de borboletas. Elas estão discretamente presas aos mastros que despontam das plantas. Os "mastros" representam as fortes ligações (invisíveis na natureza) que as substâncias "endiabradas" criam entre as borboletas e as suas plantas alimento.

A carta me faz lembrar da enorme variedade de "bandeirinhas voadoras" que visitavam o meu quintal e de que, em vão, elas me anunciavam a existência de um colossal jardim botânico à minha volta. Sim, sem me dar conta, eu vivia cercado por um parque, apenas recortado por centenas de muros e distribuído pelos quintais do bairro. Tudo aquilo formava, em conjunto, um rico viveiro de flores, entremeado a um gigantesco pomar e a uma fartíssima horta.

Em menos de uma década, poucas borboletas conseguiram permanecer como moradoras da *cidade mutante* e algumas começaram a causar problemas. De uma hora para outra, São Paulo passou a assistir colossais revoadas de borboletas escuras e com faixas amareladas nas asas[79,80], mas somente ao nascer do dia e ao anoitecer. A razão era simples: suas lagartas haviam se tornado uma praga, pois alimentavam-se de certas plantas da moda, isto é, de várias espécies de palmeirinhas que estavam sendo plantadas, aos milhares, em todos os parques e jardins da cidade.

Nessa ocasião, a imponente Avenida Brasil, a principal via de acesso ao Parque do Ibirapuera, ficou com todas as suas palmeiras quase inteiramente desfolhadas pelas lagartas. Enfim, bastaram mais algumas toneladas de inseticida, para que o problema ficasse sob controle.

Entre erros e acertos, a verdade é que a *cidade mutante* foi ganhando um grande número de belos ajardinamentos. Também aumentaram as populações de pulgas caninas, baratas, mosquitos e cupins. Enquanto isso, os típicos matinhos dos terrenos desocupados, os pequenos pomares e as hortas de fundo de quintal acabaram se tornando uma paisagem extinta. Sem ela, a maior parte dos insetos que integrava a colorida fauna paulistana da década de cinqüenta ficaria definitivamente chutada para lugares distantes, cambaleando pelos matagais da periferia.

As radicais transformações do meu bairro, do Itaim Bibi e de Pinheiros, bem como de muitos outros, privou-me de um delicioso contato com a natureza. Ela significou o final de uma época em que se podia conviver diariamente com *gafanhotos gigantes, escaravelhos chifrudos, borbogartas, ovos enganadores, essências endiabradas*, insetos de todos os tipos, ou seja, com um surpreendente desfile de pequenos personagens que faziam parte de uma espetacular epopéia biológica.

Só quando se iniciou a minha "fase de crisálida" é que fui meditar sobre os mais diferentes episódios daquela história. Finalmente compreendi a intrincada rede de dependências entre insetos e plantas que se estendia pelo meu modesto paraíso ecológico, o lugar adorável onde eu tivera o privilégio de viver por tantos anos. Isso, em plena Mariana Correia, uma rua situada a quatro quilômetros do centro de São Paulo!

Mas então já seria tarde demais.

Muitos anos depois, uma inesperada questão proposta por um jornalista me causaria uma noite de insônia, mas iria me convencer de que uma parcial reconstrução daquele pequeno paraíso perdido era, sem dúvida, a principal razão do meu trabalho com as borboletas de uma chácara.

79 Brassolis astyra (macho)
ENVERGADURA: *8 CM*

80 Brassolis sophorae (macho)
ENVERGADURA: *8 CM*

RITUAL NO ENTARDECER

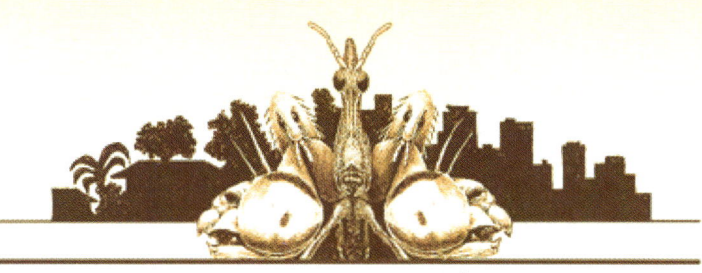

QUARTO CAPÍTULO

Fase de adulto

Um período no qual os conhecimentos acumulados durante a "fase de crisálida" resultam em realizações profissionais.

7h15 – O DIA SEGUINTE.

Junto ao café da manhã, minha agenda aberta indicava um reencontro com o jornalista Kubrusli ao cair da tarde. Enquanto durasse a entrevista, com certeza, ele iria me cobrar uma resposta para a curiosa questão formulada no dia anterior: como se dera a transição do caçador de insetos para o *lançador de borboletas*?

Depois de um aconchegante anoitecer no bairro do Morumbi, estacionado na Avenida das Amarílis e na companhia das mais inesperadas recordações, eu experimentara uma noite com longos períodos de insônia.

Durante toda a madrugada, continuara apegado às imagens das pequenas aventuras que iam sendo resgatadas pela memória. Infância, adolescência e insetos misturavam-se num embaralhado de lembranças.

Levantei-me exausto. Assim mesmo, antes das nove horas da manhã, já estaria atravessando o bairro do Morumbi para retornar ao trabalho.

É claro que se tratava de um Morumbi muito diferente daquele ambiente recheado de insetos que eu conhecera quando criança. O bairro havia sido desmatado, mas ainda continha um pouco da antiga vegetação, agora cercada pelas grades de um parque: o Alfredo Volpi. Era o local mais freqüentado por mim no tempo das caçadas de borboletas. Estava situado bem no começo da avenida onde, meu pai e eu, havíamos proporcionado aquele memorável espetáculo da corrida atrás de uma borboleta de papel.

81 *Siproeta trayja*
Envergadura: 8,5 cm

9h15 – TRÊS REIS E UMA PRINCESA

Logo que transpus a porteira da chácara, saltei do jipe e comecei a caminhar entre as árvores para me livrar da sonolência.

Com satisfação, encontrei uma *marrom-de-barra-branca*[81] esvoaçando pelo caminho. Não esperava vê-la por ali, pois ela havia desaparecido da região do Morumbi há muito tempo. Mas, na chácara, eu sempre me surpreendia com o que encontrava. Faziam parte das minhas anotações diárias a observação de uma *pretinha-de-barra-vermelha** e da raríssima *pretinha-de-miolo-amarelo***, voando sobre as árvores mais altas.

* ***Biblis hyperia***
** ***Catonephele sabrina***

Era fácil perceber que, tal como outras tantas, elas estavam de passagem, porque tinham mais condições de formarem populações permanentes em áreas tão pequenas como aquela, muito embora eu a considerasse enorme.

Assim mesmo, meu reencontro com o mundo dos insetos estava acontecendo, como só poderia ser, num lugar muito especial. A chácara onde eu estava trabalhando tinha o nome do pássaro Tangará, quando ainda pertencia a um dos homens mais ricos do Brasil, um empresário considerado o rei do cobre. Industrial, dono de mineração, de fazendas, ele era um sujeito alto e corpulento, um gigante empreendedor e magnífico playboy, mas ironicamente conhecido pelo carinhoso apelido de *Baby* Pignatari. Uma criação de faisões e um campo de pouso para aviões leves, instalados na Chácara Tangará, faziam parte das ocupações que distraíam o rei do cobre nas suas horas de lazer. As grandes transformações do local começaram quando Pignatari resolveu pôr em prática dois de seus sonhos, bem típicos de um rei: desposar, nada menos que uma princesa européia, conhecida como Ira de Furstemberg e mandar construir um moderníssimo castelo de concreto, apropriado para recepcionar uma legião de convidados. Foi então que entrou em cena o segundo rei da nossa história. Considerado, por muitos, o rei dos arquitetos brasileiros, Oscar Niemeyer (aquele das armadilhas luminosas do Ibirapuera) viu-se encarregado de projetar um palácio, com sete mil metros quadrados de área construída, quase totalmente edificado em concreto armado.

Não demorou muito para que um terceiro rei fosse convocado para também marcar a chácara Tangará com a sua contribuição. Ele se chamava Roberto Burle Max e despontava, na ocasião, como o nosso rei dos paisagistas. Depois de cercar a mansão com dúzias e mais dúzias de espécies decorativas, em enormes canteiros geométricos, Burle Max também plantou duas filas de palmeiras imperiais, quase um emblema dos jardins de porte majestático.

Alguns anos depois, a obra foi abandonada. Aquela história de amor chegara ao seu final. O rei do cobre havia se separado de sua princesa, desistira do castelo e dispensara os serviços dos outros dois reis. *Baby* Pignatari faleceu uma década mais tarde e o projeto de seus sonhos ficou abandonado para sempre. Mas as palmeiras imperiais cresceram e ainda podem ser contempladas, à distância, por quem trafega pela avenida marginal do Rio Pinheiros. Com seus magníficos dez metros de altura, elas assinalam – hoje – a presença do Parque Burle Max, uma homenagem póstuma ao rei dos jardins.

Depois de abandonada, a Chácara Tangará passou a significar nada menos que quinhentos mil metros quadrados de área livre, cercados pela metrópole mais populosa da América do Sul, onde cada pequeno espaço começou a ser disputado a peso de ouro. É claro que tudo aquilo não iria permanecer intocado por muito tempo.

Nos início dos anos noventa, a área da antiga Chácara Tangará tornou-se bem conhecida, mas pelo nome indígena de Panamby. Com o significado de borboleta verde-azulada, o local foi destinado a abrigar um projeto urbanístico de grande porte e com a orientação de manter o maior número possível de árvores e de outras plantas já existentes na área. A empresa responsável pelo projeto teve conhecimento da minha experiência com os insetos e me contratou para proteger e tentar aumentar a população de borboletas da região, o que seria feito através da reintrodução de suas plantas-alimento. Era um bom sinal.

Quarenta anos depois do enorme sumiço de insetos, de pássaros e de outros bichos, muitos empresários já se viam na obrigação de preservar as últimas áreas verdes do município. Aliás, já estava mesmo na hora de São Paulo vivenciar sua fase de crisálida.

82 Catonephele numila
ENVERGADURA: 7 CM

83 Mestra hypermestra
ENVERGADURA: 4,5 CM

9h20 – Quase uma "Missão Impossível"

As poucas borboletas que esvoaçavam por entre as árvores da chácara passavam por mim como velhas conhecidas. Depois de estar cinco anos operando no Panamby, a paisagem ao redor não poderia me parecer mais familiar.

O sol começava a iluminar a mata e o número de borboletas aumentava sensivelmente. Reconheci quinze espécies diferentes em menos de um minuto. Nada mal, para uma área totalmente envolvida pela cidade de São Paulo. Na beira da estrada, voando sobre a vegetação rasteira, eu via uma *seis-pintas*[82] e uma *mestrinha*[83]. Nos caminhos sombreados da mata, onde eu mandara plantar grandes conjuntos de maria-sem-vergonha (*Impatiens sultana*) apareciam grupos de *paulistinhas-rabudas*[84].

Parecendo convocadas para um desfile, dezenas de monarcas e todos os tipos de *asas-de-hélice* logo iriam voar ao meu redor. Sua simples

84 Parides agavus (macho)
ENVERGADURA: 6 CM

85 Parides anchises (macho)
ENVERGADURA: 7 CM

86 Battus polystichtus
ENVERGADURA: 9 CM

presença confirmaria que ervas-de-rato e maracujás-silvestres continuavam a fazer parte da vegetação, mesmo que estivessem sendo plantadas às escondidas, no meio do mato. Meu trabalho de replantio, com o objetivo de conseguir as desovas das borboletas, continha as suas próprias regras. As plantas-alimento iam sendo discretamente introduzidas nos jardins do Panamby. Minha atenção para com os maracujás já começava a garantir alimento para as lagartas de duas espécies[85,86] aparentadas com as *paulistinhas-rabudas*, mas que estavam rareando pelo Morumbi.

Aquelas espécies de borboletas eram algumas das derradeiras sobreviventes da antiga fauna do Morumbi, um local onde havia sido caçada, de maneira inofensiva, a maior parte dos insetos da minha coleção. Por outro lado, elas também eram as refugiadas de uma expansão imobiliária que desflorestara a região a ponto de transformar algumas de suas espécies em raridades. Agora, a tarefa de trazê-las de volta pareceria bem simples para quem assistisse a um daqueles curiosos lançamentos de borboletas ao pôr-do-sol, tal como acontecera com Kubrusli, mas, na verdade, exigia uma incrível dedicação.

A dificuldade de se exterminar alguns tipos de pragas, essa eu já conhecia há muitos anos. Minha grande surpresa vinha sendo outra: a de enfrentar problemas bem maiores para conseguir – criar– insetos!

Sem nenhum exagero, havia algo de "Missão Impossível" na tentativa de aumentar a população de certas borboletas. E uma boa parte das minhas dificuldades era causada por aquelas dietas tão específicas das lagartas. As plantas-alimento precisavam ser reintroduzidas em larga escala.

18h00 – Um exorcista ao cair da tarde

Embora estivesse chegando a hora do meu compromisso com Kubrusli, achei que ainda havia tempo para inspecionar um ambiente que eu mandara construir na parte mais baixa do castelo, junto à piscina destinada aos banhos da princesa Ira. Eu havia batizado o local de *Sala das Transformações*. Ali aconteciam as metamorfoses, quando as lagartas se transformavam em crisálidas e, depois, em borboletas.

Comecei a inspecionar o local. Junto às paredes, um sistema de abastecimento de água interligava dezenas de tubos, onde eram introduzidos os longos cabos das folhas de bananeira. Assim, elas se mantinham sempre tenras, até serem devoradas pelas lagartas.

A grande sala, quase sempre mergulhada na penumbra, abrigava umas quatro mil lagartas e a maioria delas media quase um palmo de comprimento.

Quando olhadas de perto, pareciam um pouco assustadoras. Suas cabeças tinham nada menos que quatro pequenos chifres dirigidos para trás. Os corpos, compridos e roliços, ondulavam com a aparência de salsichas castanho-claras, ligeiramente aveludadas, terminando em dois prolongamentos pontiagudos. Estes esporões davam a impressão de que o bicho poderia usá-los a qualquer momento como uma arma, da mesma maneira que um escorpião.

Contudo, eram lagartas inofensivas que logo se transformariam num bando de enormes borboletas cinza-azuladas. Só então seriam introduzidas no espaçoso viveiro para o acasalamento. Depois que desovassem, seriam soltas, pouco a pouco e durante tardes seguidas, bem diante de um bananal.

Não estaria errado quem interpretasse aquele meu gesto de soltá-las como uma espécie de ritual, como um exorcismo. Talvez eu estivesse, mesmo, tentando me redimir dos muitos males causados às lagartas gigantes, tantas vezes "bombardeadas" pelo meu avião de brinquedo. Por uma caprichosa ironia, elas haviam se tornado as minhas grandes protegidas.

18h05 – Misteriosa chuva seca

Um curiosíssimo fenômeno ocorria diariamente entre aquelas quatro paredes da *Sala das Transformações*. Durante o entardecer, quem se aventurasse a permanecer no interior da sala iria presenciar um acontecimento inesquecível. Primeiro, imaginaria estar escutando o cair de uma chuva suave e contínua, sobre a forração de plástico que recobria o piso de cimento. Só depois se daria conta de que o ruído era causado por aquela multidão de lagartas.

Elas estavam expelindo uma quantidade incalculável de pelotinhas escuras que pipocavam ruidosamente, em uníssono, sobre o forro de plástico. Eram os restos, já digeridos, de sua última refeição.

Realmente, aquela manifestação sonora permaneceria como algo inesquecível para qualquer um. Quem deixaria de se recordar de uma verdadeira chuva de cocô de lagartas durante um silencioso cair-de-tarde?

18h10 – Um viajante do tempo

Lembrei-me de outros momentos crepusculares, muito especiais, que haviam acontecido ali no Panamby. Eram os finais de tarde de um quentíssimo verão, quando eu voltava a utilizar a velha redinha de filó para capturar as fêmeas de borboletas-coruja. Elas já haviam se tornado um pouco raras e eu precisava apanhar algumas para abastecer o viveiro com as primeiras desovas. Nos bambuzais das partes mais baixas da chácara eu encontrava raramente a *coruja-azulada-de-riscas-brancas*[89] e a *coruja-preta-de-manchas-brancas*[90]. Com mais freqüência apreciam por ali a *corujinha-castanha-de-vôo-rápido*[87] e a *corujinha-castanha-de-vôo-lento*[88].

Ao lado:
87 **Blepolenis batea**
ENVERGADURA: *8 CM*

88 **Opoptera syme**
ENVERGADURA: *8 CM*

89 **Dasyophthalma rusina**
ENVERGADURA: *8,5 CM*

90 **Dasyophthalma creusa**
ENVERGADURA: *9 CM*

Às vezes, a minha corrida atrás das grandes *corujonas* acontecia bem junto à pista asfaltada da grande avenida marginal que se estendia entre a chácara e o Rio Pinheiros. Naquelas ocasiões, não eram os empregados da chácara e nem os antigos vizinhos da Mariana Correia que ficavam me encarando com olhares de espanto, mas uma interminável legião de motoristas.

Diante das luzes de seus faróis, eu deveria surgir como uma estranha figura. Carregava sobre meu ombro uma velha rede de filó e parecia pisar com uma incompreensível satisfação aquele asfalto mole que, em pleno cair da noite, ainda continuava quente.

A ninguém importaria saber, mas o que eu sentia sob os pés era o contato macio de uma certa estrada enlameada, recém-aberta pelos tratores. Eu percorria aquela longa faixa do acostamento como se estivesse à procura das estreitas picadas que, um dia, cortara com o facão presenteado por meu pai.

Em plena avenida, ainda que envolvido pela nevoenta atmosfera soprada pelos tubos de escapamento, eu conseguia inalar o doce aroma de antigas aventuras, recriando o cenário fantasma das florestas da minha infância.

Aqueles poucos instantes de maravilhosa molecagem, correndo adoidado atrás das *corujonas*, devolviam-me uma agilidade perdida e também uma deliciosa inconseqüência pelos meus atos.

Afinal, via meu saudosismo transformando-se em ações concretas e comportava-me como um desesperado viajante do tempo; mergulhava nos últimos retalhos de uma paisagem desfeita, tentando ressuscitar um pouco daquela mesma fauna de insetos que havia perseguido... tantos anos atrás.

Brincando como um garoto travesso, apenas disfarçado pelas barbas grisalhas de um homem maduro, agitava minha rede em espalhafatosas saudações para os motoristas mais curiosos. Ela perdera o antigo significado de uma bandeira incômoda, dos tempos de colecionador. A vergonha causada pela rede de filó – esta sim – eu largara de vez no passado.

18h15 – O BERÇÁRIO DAS BORBOLETAS

Antes de sair da *Sala das Transformações*, recolhi quatro *borboletas-coruja* que acabavam de abandonar as suas crisálidas. Uma delas era uma *coruja-azul-de-banda-amarela*[91], a primeira que se tornara adulta sob meus cuidados. Era uma fêmea com quinze centímetros de envergadura! Segurei delicadamente a gigantona e levei-a, junto com as outras, para o viveiro construído ao ar livre. O recanto era pouco maior que uma quadra de tênis. Mesmo assim, quase cinco mil borboletas esvoaçavam em seu interior, dentro de um espaço recoberto por uma tela esverdeada que parecia servir-lhes de prisão. Mas as principais funções da tela eram as de garantir o acasalamento e a desova de várias espécies de borboletas, antes que fossem devolvidas à liberdade.

Não daria para notar, mas do lado de fora do viveiro uma perigosa multidão de predadores estava alerta para executar um implacável controle natural. Atuando em conjunto, eram capazes de reduzir a menos de dez por cento as gerações de cada uma daquelas espécies de borboleta.

[91] *Caligo beltrao*
ENVERGADURA: **16 cm**

Se não fosse protegida, ainda na fase de ovo, a grande maioria delas não teria nem a chance de nascer. Formigas, percevejos e vespas liquidariam com oitenta por cento dos ovos. Logo depois, o ataque recairia sobre a fase de lagarta. As poucas sobreviventes das desovas passariam a ser dizimadas por moscas caçadoras, aranhas, répteis, anfíbios, pássaros e mamíferos.

Portanto, bem ao contrário de uma prisão, aquele viveiro deveria ser olhado como um *berçário de borboletas*.

Embora já houvesse registrado noventa espécies, dentro dos limites do Panamby, eu conseguira criar apenas quinze. Muitas não encontravam condições de se reproduzir no viveiro, pois necessitavam de bastante espaço para seus rituais de acasalamento. Em alguns casos, os machos precisavam de total liberdade para alcançar as árvores situadas no topo dos morros e, de lá, exercerem um severo patrulhamento em seus espaços aéreos à espera das fêmeas. Outras vezes, as desovas só aconteceriam se as fêmeas tivessem acesso às folhas situadas nas copas de árvores altíssimas.

Mesmo entre as poucas espécies criadas no viveiro, aconteciam pequenos espetáculos particulares proporcionados pela prodigiosa "arte de acasalar" das borboletas. Ali, era possível observar um macho da *borboleta-do-manacá* derrubando a fêmea no solo para, então, fecundá-la. Enquanto isso, pousado a poucos metros, o macho de uma outra espécie procedia de uma maneira que muitos achariam mais elegante. Com as asas dianteiras projetadas para diante, ele deixava expostos dois tufos de pelos (na verdade, eram escamas modificadas) nascidos nas asas traseiras e de onde emanava um perfume irresistível para as fêmeas da sua espécie.

Mais elaborado, ainda, era o ritual de acasalamento da borboleta monarca. O macho contava com duas pequenas bolsas de perfume nas asas posteriores e podia alcançá-las com um par de pincéis que ele conseguia expelir de dentro do corpo, lá na ponta do abdome. Depois de executar uma série de acrobacias aéreas sobre a fêmea escolhida, ele esfregava seus pincéis, já abastecidos de perfume, nas antenas da companheira. Aquele estímulo aromático também era infalível, pois nunca assisti a uma recusa por parte das fêmeas da monarca.

Dei uma última espiada no viveiro para ver se estava tudo em ordem, antes que o repórter chegasse. Afinal, era "dia de visita".

O Panamby era todo cercado e os diretores da empresa não permitiam a visitação pública, mas já haviam recebido algumas centenas de convidados e eu me acostumara com o entusiasmo causado pelo viveiro de borboletas.

O discreto encantamento do ambiente atingia pessoas de todas as idades e profissões. Sentia-me gratificado com a sensação de bem-estar experimentada por alguns empresários, diretores ou gerentes, durante uma visita um pouco mais demorada. Segundo eles, a permanência de apenas meia hora naquele curioso *berçário das borboletas* era o bastante para reduzir sensivelmente suas tensões diárias.

18h20 – A PIRÂMIDE INVISÍVEL

Tranquei a porta do viveiro, divertindo-me com uma idéia: os próprios diretores do empreendimento não se davam conta de que o *jardim das borboletas* não passava de uma mistura de Matagal Super Market com fundo de quintal. Ali eles podiam reencontrar as mais variadas frutíferas, típicas dos antigos quintais, mas – em sua essência – o viveiro imitava a vegetação dos terrenos baldios.

Minhas sementeiras de ervas "vagabundas", somadas aos viveiros de mudas, encontravam-se repletos de plantas típicas de terrenos abandonados e ocupavam um lugar de destaque no meio daquele formidável jardim, projetado há décadas, por ninguém menos que Burle Max, o rei dos jardins. Era difícil de acreditar, mas o velho "matinho sujo" realmente começava a ganhar espaço, e bem ali, nos jardins outrora projetados para hospedar a nobreza do reino vegetal.

Seria preciso um esforço, ainda maior, para assistir ao retorno das aves que já haviam habitado aquela área, pois a sobrevivência de um único casal de pássaros insetívoros, por exemplo, só ficaria assegurado por um abastecimento contínuo de lagartas, besouros, gafanhotos etc. Esse grande volume de insetos, por sua vez, deveria ser sustentado por uma base de alimentação vegetariana e variadíssima, capaz de fornecer um número incalculável de dietas diferentes. Por isso, nossos trabalhos na chácara dependeriam da preservação de uma... pirâmide alimentar.

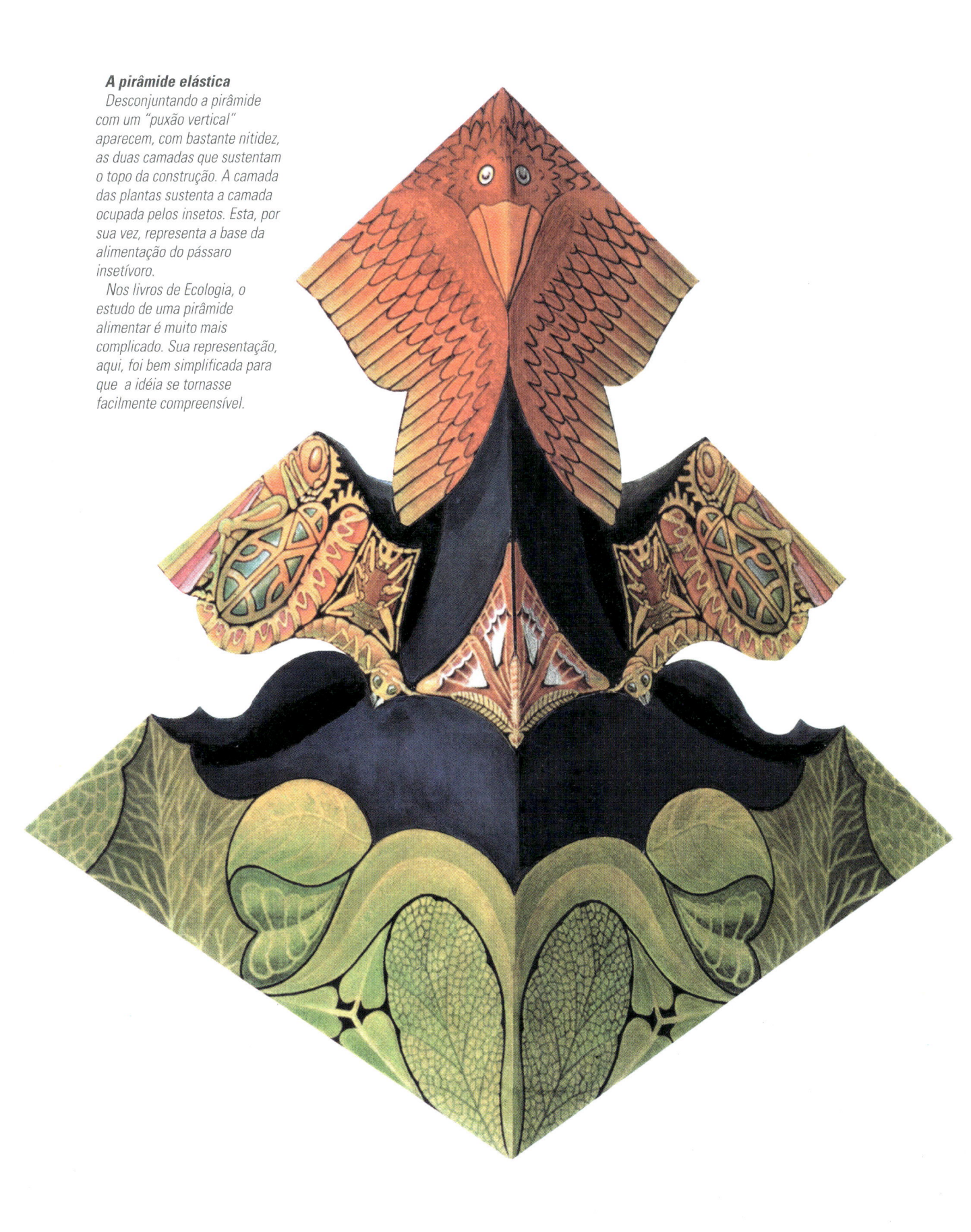

A pirâmide elástica

Desconjuntando a pirâmide com um "puxão vertical" aparecem, com bastante nitidez, as duas camadas que sustentam o topo da construção. A camada das plantas sustenta a camada ocupada pelos insetos. Esta, por sua vez, representa a base da alimentação do pássaro insetívoro.

Nos livros de Ecologia, o estudo de uma pirâmide alimentar é muito mais complicado. Sua representação, aqui, foi bem simplificada para que a idéia se tornasse facilmente compreensível.

É claro que pirâmides alimentares jamais poderiam ser enxergadas na natureza. Muito menos com a forma geométrica sugerida. Por outro lado, como concepção ecológica, tratava-se de algo bem concreto.

Para mim, que lidava com um tipo de pirâmide alimentar, dentro do Panamby, essa concepção tornou-se até palpável. Afinal, era eu que zelava, diariamente, pelas mudas e sementes de sua frágil e verde base: as plantas-alimento dos insetos. Além disso, encarregava-me de proteger milhares de lagartas, borboletas e muitos outros insetos, isto é, também cuidava daquela fatia situada no meio da pirâmide, a responsável pela dieta dos pássaros. Portanto, ninguém discordaria que o meu trabalho de restauro estava dirigido para os setores mais danificados de uma autêntica pirâmide invisível.

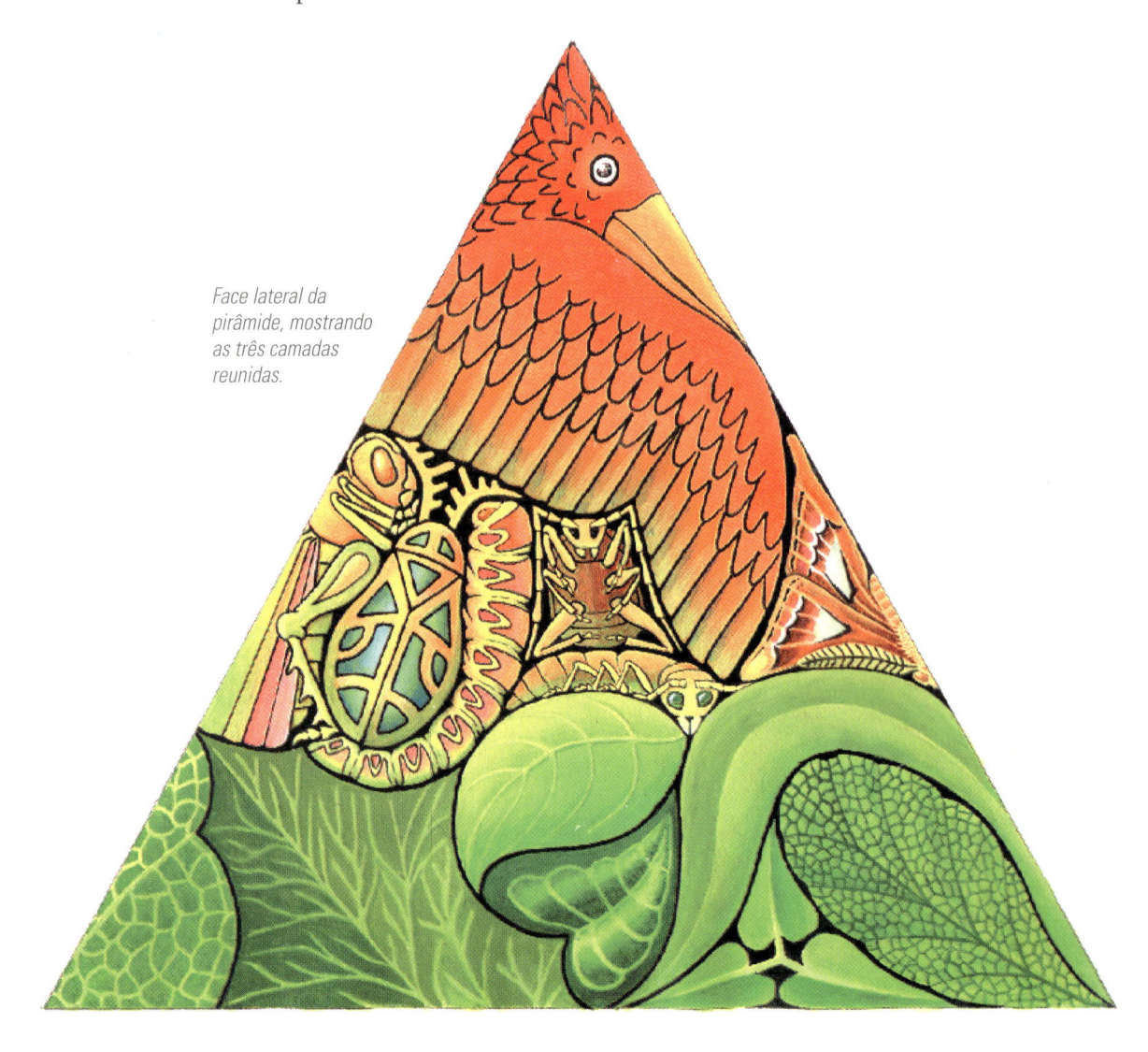

Face lateral da pirâmide, mostrando as três camadas reunidas.

Agora, passados mais de quatro anos de constantes replantios, alguns recantos do Panamby haviam se tornado muito mais coloridos, com borboletas, flores nativas de várias espécies, ao lado das flores exóticas dispostas em diversos canteiros.

Sem dúvida, eu participava de um esplêndido projeto e, melhor ainda, experimentava momentos de imensa realização profissional.

18h35 – A PLANTA-PLANETA

Entrei no meu escritório, uma sala situada no andar superior do palácio abandonado do rei Pignatari. Passei a arrumar a bagunça que normalmente deixava esparramada sobre a mesa de reuniões. Kubrusli já iria chegar. Em instantes, nossa conversa recairia sobre os dois tipos de metamorfose de que havíamos falado na tarde anterior, isto é, a do meu comportamento diante da natureza e a das transformações da cidade.

Mas eu ainda não havia encontrado uma resposta super-resumida para a questão principal: o que teria me levado a transformar uma rede de caçar insetos num instrumento de soltura? Teimando em encontrar uma explicação bem simples e atraente para o texto do jornalista, sentei-me diante das vidraças da sala e acendi um cachimbo.

Uma grande borboleta-coruja passou voando rente às janelas e desapareceu entre as longas silhuetas das plantas que se agitavam com a brisa. Eram as folhas das mais velhas bananeiras da chácara, balançando-se contra o pôr-do-sol, esfarrapadas pelas ventanias e bastante carcomidas pelas lagartas que eu costumava proteger.

Ora, em qualquer outro momento, jamais teria notado o que estava sendo sussurrado por aquelas folhas. Mas, por sorte, encontrava-me – exatamente – dentro do tal curto espaço de tempo compreendido entre o final do entardecer e o cair da noite, quando as sombras e as silhuetas se misturam e nos pregam peças. Assim, pude perceber que a tal resposta resumida desenhava-se bem diante de mim.

Lento e cadenciado, o balanço das folhas causava o abrir e fechar dos seus retalhos, mostrando-me movimentos muito semelhantes aos do vôo compassado da borboleta-coruja que passara diante da janela.

Dançando diante dos meus olhos e brincando com a minha percepção, imagens de borboletas e de folhas pareciam trocar de identidade.

Eu já sabia que vegetais e insetos compartilhavam substâncias misteriosas, saturadas de odores mágicos. Lembrava-me também dos alcalóides e dos hormônios, desempenhando os papéis de *essências endiabradas*. Eram entidades "brincalhonas", saídas de um obscuro universo bioquímico, originadas a partir das plantas, transportadas pelas lagartas e, depois, instaladas nos insetos adultos.

Por haver aprendido tudo isso, eu conseguia enxergar de uma maneira muito especial as folhas das bananeiras, tão severamente carcomidas. Os recortes, meros sinais, indicavam-me a breve passagem das lagartas, durante sua transformação nas magníficas borboletas-coruja que agora voavam pelo Panamby. Com o abrir e fechar de suas asas, elas transportavam a "bananice" química adquirida naquelas folhas, lá para o alto. Em seguida, espalhavam-na suavemente pelo ar. O sorrateiro perfume agiria como atrativo para os acasalamentos e, depois, guiaria as fêmeas de volta às bananeiras, quando fossem desovar.

Um ritual no entardecer... um microcosmo biológico... uma planta-planeta com insetos-satélite mantidos em órbita pela força de uma fragrância...

19h00 – A ARTE ZEN DE SOLTAR BORBOLETAS

Duas ou três baforadas do cachimbo me ajudaram a concluir que uma tal compreensão – quase mística – dos fenômenos naturais não poderia ser um privilégio só meu. Provavelmente ela sempre se instalara num grande número de estudiosos, contagiando-os de maneira irreversível e, muitas vezes, estranha. Mas admiti que pouquíssimos haveriam chegado, como eu, a se transformar em simples e enigmáticos lançadores de borboletas.

Com a inspiração dos vitrais góticos, tão comuns nas igrejas, tentei representar, numa última carta-recordação, essa maneira especial de olhar a natureza que muitos estudiosos, com maior ou menor intensidade, já devem ter experimentado.

Logo na base da figura, destacam-se as folhas estilizadas de algumas bananeiras, em silhueta, contrastando com as cores do crepúsculo. Com mais atenção, nota-se que as folhas cruzadas de duas bananeiras transformam-se, gradualmente, na imagem de uma borboleta, de uma grande borboleta cinza-azulada que, na parte superior da carta, aparece entre um sol crepuscular e uma lua. Mas ainda existem outros detalhes. As laterais do vitral também têm o feitio de duas folhas de bananeira. Suas bordas internas estão recortadas como se houvessem sido carcomidas por lagartas. São os rastros deixados durante a lenta formação da borboleta azulada.

Observando-se melhor a carta, nota-se que o recorte das folhas de bananeira se confunde com o "rastro" vertical aberto pelas pequenas silhuetas em transformação.

* * *

Senti-me profundamente satisfeito por haver encontrado uma explicação bem resumida para o texto do Kubrusli. Se uma atração incontida pelo misterioso mundo dos insetos havia arrastado o pequeno colecionador através dos caminhos da caça, por muitos anos, ela não o impedira de experimentar o poder de uma fórmula fascinante: um pouco de Ciência, umas pitadas de sensibilidade artística e uma boa dose de paixão por tudo o que aprendesse. Misturados de uma maneira bem particular, esses três componentes ofereceram ao ingênuo colecionador de troféus uma visão privilegiada da natureza e, ao final de uma longa jornada, lhe conferiram o poder de transformar sua antiga rede de caça em instrumento de soltura.

A idéia agradou-me bastante, fez-me lembrar de algumas narrativas inspiradas pela filosofia zen, onde os personagens percorriam longas e complicadas trajetórias para se modificarem o suficiente, antes de atingirem um ideal de harmonia e de retorno à simplicidade.

RITUAL NO ENTARDECER

Talvez, de maneira espirituosa, Kubrusli pudesse ligar aquela sua idéia da rede utilizada "ao contrário", à invenção de uma… arte zen de soltar borboletas.

* * *

Absorvido pelos pensamentos, não notei o atraso do jornalista e surpreendi-me com a inesperada visita de um dos diretores, informando-me que Kubrusli não iria comparecer e que a reportagem sobre as minhas atividades no Panamby não seria publicada.

Meu desapontamento foi enorme, mas a pior notícia ainda iria ser dada.

Logo em seguida, sentando-se diante de mim com um ar consternado, o diretor anunciou a iminente dissolução da empresa e o total abandono do projeto urbanístico.

O homem se pôs a discorrer sobre as muitas razões do fracasso do empreendimento, mas eu não conseguia prestar atenção na lista de explicações que ele recitava. Meus pensamentos convergiam para o único ponto que me dizia respeito: o amargo e prematuro ponto final de todo o meu trabalho.

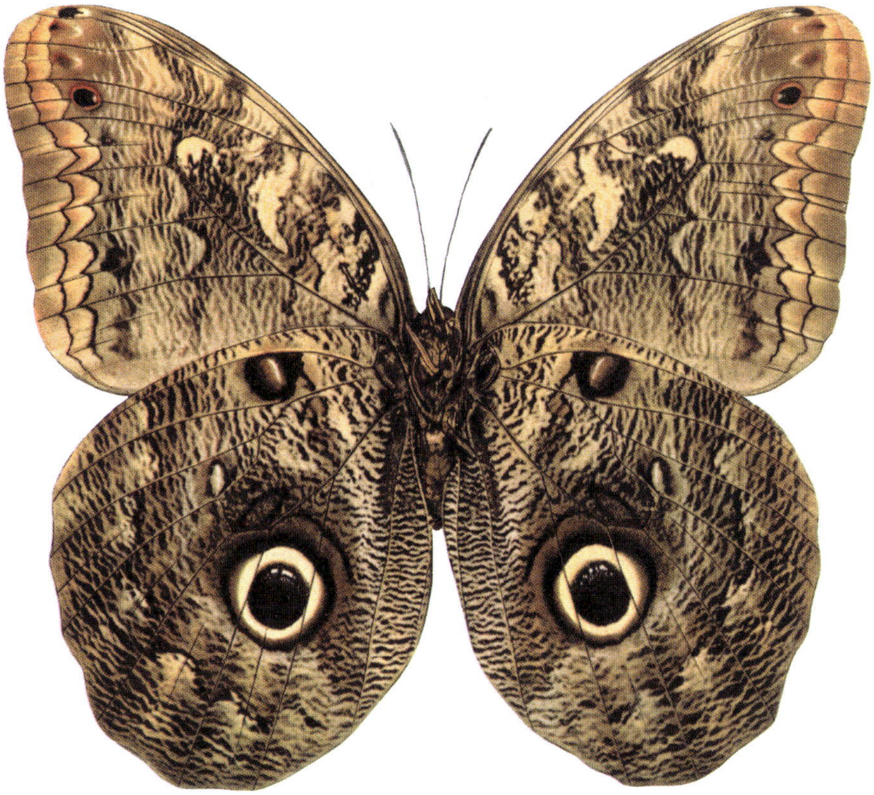

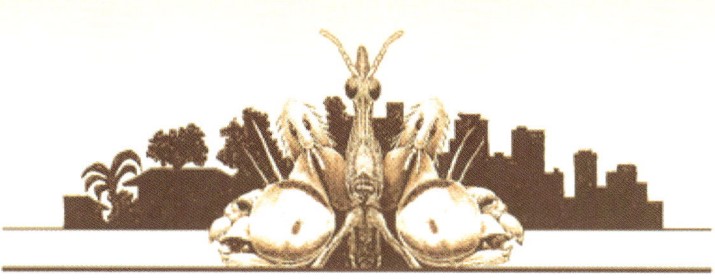

EPÍLOGO

A hora de voar

Uma sensação de estar flutuando pode nos conduzir a uma inesperada realidade.

Primavera de 1998 – Um feitiço inesperado

Quatro anos haviam se passado, desde o decepcionante final das minhas atividades na chácara, mas eu ainda convivia com as recordações de uma longa e saudosa experiência com o mundo dos insetos. Continuava me sentindo estranhamente ligado àqueles pequenos seres e desejava uma oportunidade de reencontrá-los através de um novo trabalho. Mesmo assim, não me ocorria nenhuma idéia de como isso poderia suceder.

Então, ao cair de uma tarde, eu estava atravessando o Rio Pinheiros e, como sempre, em meio a um trânsito infernal. Parado sobre a ponte, contemplava as águas do rio refletindo o avermelhado do céu e me lembrava da silhueta de Kubrusli, enquanto ele julgava presenciar um ritual do entardecer.

Com pesar, percebia o quanto de minha vida estava contido naquele ato de soltar borboletas, antes de tudo se acabar... como num sonho.

Sem dúvida, eu não passava de um incorrigível e nada ambicioso sonhador que procurara sensibilizar as pessoas para com a sobrevivência de simples insetos.

Danados de insetos! Eu começava a enxergar, com absoluta clareza, as enormes dificuldades enfrentadas para me libertar de seus feitiços. As minhas melhores diabruras de infância haviam sido orquestradas por eles. A atenção desviada de outros estudos, na adolescência, fora causada também por insetos. Seus encantos me transformaram, durante anos, num caçador de imagens e divulgador de seus hábitos. Como se tudo isso não bastasse, envolvi-me numa luta para protegê-los e para ajudá-los a se reproduzir. Assim, ao dedicar-me com tanto afinco, criando milhares de borboletas e de outros insetos, comportara-me como uma permanente vítima de seus estranhos caprichos.

Teria eu realmente sofrido tanta interferência de simples criaturinhas de seis patas em minha vida? Tal como se houvesse lidado com uma legião de... duendezinhos endiabrados?

Duendes de seis patas! Isso mesmo! Como seria bom poder divulgar a sua inacreditável capacidade de enfeitiçar pessoas desprevenidas como eu. Ótimo! Poderia vir a ser – exatamente esta – a minha nova atividade, a grande chance de restabelecer contato com eles e, desta vez, através do relato das minhas experiências.

De repente, o meu desejado reencontro com o mundo dos insetos pareceu-me prestes a acontecer. Bastava-me a ousadia de desempenhar novamente o papel de um caçador. Desta vez, o de um inofensivo caçador e colecionador de histórias.

Entusiasmado com a idéia de criar um livro, fui refugiar-me do trânsito no estacionamento do movimentadíssimo Shopping Eldorado, situado numa das margens do Rio Pinheiros e quase defronte ao bairro do Morumbi.

Mal eu acabara de estacionar o jipe, uma borboletinha azulada sobrevoou o meu pára-brisa. Era uma *Myscelia orsis*[92,93], uma espécie comum e que eu havia criado, às centenas, nas matas do Panamby. Os machos são de um belíssimo azul escuro e as fêmeas, quase negras, têm as asas recobertas por uma série de manchas esbranquiçadas. Porém, aquela que atravessou o estacionamento reunia o colorido de ambos os sexos!

Esse fenômeno é conhecido pelo nome pouco atraente de ginandromorfismo, mas confere ao inseto o status de raridade ou, melhor dizendo, de uma super-raridade. Eu sabia que aquela borboleta só teria alguns dias de vida e não gostei de imaginá-la destroçada no asfalto ou sobre o telhado de um prédio. Isso foi o suficiente para que eu avançasse como um doido por entre os carros, distribuindo tapas a torto e a direito, tentando derrubá-la a qualquer custo.

Caçador de histórias, uma ova! Renascia em mim o exímio e experiente caçador de duendes de seis patas! Mas a danada da ginandromorfa voadora não tinha a menor noção do perigo que eu representava e me

92 Myscelia orsis (macho)
ENVERGADURA: 5,5 CM

93 Myscelia orsis (fêmea)
ENVERGADURA: 6 CM

escapou, facilmente, quando minha correria culminou com um cinematográfico escorregão.

Tenho certeza de que – flutuar – deva ser a melhor maneira de descrever o que senti por alguns instantes. Foi como se um mágico par de asas houvesse me conduzindo de volta a uma realidade da qual eu jamais conseguiria escapar.

Não fosse pela quantidade de senhoras e crianças, ali presentes, as paredes do Shopping teriam refletido aquele inesquecível eco – ...uuuta! ...uuuta! ...uuuta! Minha vontade foi a de berrar o mesmo palavrão que, numa remotíssima manhã de domingo, eu havia dirigido à mãe de um magnífico besouro furta-cor.

Quando voltei para o jipe, olhei-me no retrovisor. Contemplei por alguns segundos aquele que, até então, parecia ser o irrepreensível professor, o ecologista exemplar, extremamente preocupado com a sobrevivência dos animais e das plantas. Mas o que vi foi o incorrigível caçador de sempre, o incurável colecionador de insetos, o eterno perseguidor dos pequeninos troféus alados. Naquele instante, encarei-me com muita desconfiança. Já não podia mais acreditar que concluíra com brilhantismo uma demorada metamorfose. Também ficara evidente que na *arte zen de soltar borboletas* eu jamais me tornaria um mestre, quando muito, um titubeante aprendiz. Mas, por outro lado, conseguira obter uma derradeira comprovação para a principal idéia que agora defendo neste livro: a do traiçoeiro encanto dos insetos. No caso, o de um pequenino ser esvoaçante, azulado e atípico... a borboleta que me fez voltar a agir como um garotinho deslumbrado.

Ainda mal refeito do meu rápido flutuar e de suas conseqüências espalhafatosas, retornei ao grande engarrafamento criado pelo trânsito incontrolável da *Cidade Mutante*. Mas a simples ausência de uma capota deixou-me bem à vontade para experimentar um delicioso começo de noite. Meus novos projetos em relação ao livro, inspirados por certas criaturinhas endiabradas, presenteavam-me com um antecipado retorno ao seu mundo surpreendente.

Senti-me novamente flutuando, quando passei a desfrutar do canto ensurdecedor de milhares de cigarras anunciando o brilho esverdeado de um luar-vagalume. Foi quando uma infernal orquestra de buzinas me despertou para a luz verde do semáforo brilhando logo adiante. Sem outra alternativa, arranquei com o jipe pelo que ainda restava daquele anoitecer, mas tive o extremo cuidado de não me distanciar, nem um pouco, do aconchegante mundo paralelo que continuava acalentando as minhas recordações e os meus planos.

Talvez o tortuoso processo de uma estranha e particular metamorfose houvesse chegado ao seu melhor momento. Talvez não. Mesmo assim, persistia a sua atmosfera de encantamento. A hora era propícia para voar.

FIM

O projeto de repovoamento do Parque Burlemax, com as borboletas que habitavam as matas do antigo Morumbi, foi abandonado. Restaram apenas as experiências adquiridas durante quatro anos de pesquisas e de trabalhos de campo, além da confirmação de que uma grande parte das espécies ausentes poderia ter sido reintroduzida com sucesso, não apenas no Panamby, mas em toda a cidade de São Paulo, através de seus parques, clubes e jardins. Essa confirmação, por si só, poderá ser encarada como uma vitória, se vier a servir de estímulo para novas tentativas.

Nomes populares dos insetos

Fonte: Insetos no folclore, Karol Lenko e Nelson Papavero
São Paulo: Conselho Estadual de Artes e Ciências Humanas, 1979. (Coleção Folclore; nº 18).

alma-do-outro-mundo – *Hypna clitemnestra* pg. 67, nº 37

assenta-pau – *Hamadryas amphinome* pg. 79 nº 49
Hamadryas fornax pg. 79, nº 50
Também chamadas de angolinha, angolista, carijó, estaladeira, galinha-de-Angola e mascate.

assenta-pau-da-barriga-vermelha – *Hamadryas amphinome* pg. 79, nº 49

boia – *Morpho hercules* pg. 57, nº 3

borboleta-rubi – *Memphis rhyphea* pg. 67, nº 39

castanha-amarela – *Heliconius sara* pg. 131, nº 70

caveira – *Eacles imperialis* pg. 91, nº 62

caixão-de-defunto – *Heraclides thoas brasiliensis* pg. 58, nº 4

canoa-azul – *Archaeoprepona demophon* pg. 79, nº 48

canoa-amarela – *Historis odius* pg. 130, nº 69

capitão-do-mato – *Morpho achilles* pg. 61, nº 8

corcovado – *Morpho anaxibia* pg. 111

engana-tolo – *Siproeta steneles* pg. 65, nº 30

fogo-de-rabo – *Marpesia petreus* pg. 69, nº 45

folha-sêca – *Zaretis itys* pg. 67, nº 40

imperador – *Thysania agrppina* pg. 82/83, nº 53

imperador-rosa – *Thysania zenobia* pg. 91, nº 61

labareda – *Dryas iulia* pg. 131, nº 71

pingo-de-prata – *Agraulis vanillae* pg. 131, nº 73

porco-do-mato – *Dasyophtalma creusa* pg. 144, nº 90

rapé – *Brassolis astyra* pg. 135, nº 79

vidro-do-ar – *Protesilaus protesilaus* pg. 69 nº 46

viúva-caixão – *Heraclides androgeus* pg. 66, nº 33
Heraclides hectorides pg. 66, nº 34

Besouros

mãe-do-sol – *Euchroma gigantea* pg. 85, nº 54

barata-do-coqueiro – *Coraliomela brunnea* pg. 85, nº 55

Onde se alimentam as lagartas das borboletas e das mariposas

pg. 57

[3] *Morpho hercules* em cipó do Gen. *Abuta*

pg. 61

[6] *Morpho achilles* em árvores do Gen. *Machaerium* e *Pterocarpus*.
[7] *Morpho aega* em bambus: Gen. *Chusquea* e taquara *Merostachys burchelli*

pg. 62

[8] *Caligo arisbe* em caetê, marantáceas e cyperáceas
[10] *Urbanus proteus* em vários feijoeiros, Gen Phaseolus
[11] *Phocides palemon* em mirtáceas do Gen. *Eugenia* e *Pisidium*, em eucaliptus

pg. 63

[13] *Placidula euryanassa* em solanáceas do Gen. *Datura*
[14] *Vanessa brasiliensis* em ervas da Fam. Compositae
[15] *Junonia evarete* em gervão, Gen. *Stachytarpheta*
[17] *Diaetria clymena* em arbustos de *Trema micrantha*
[18] *Eunica eburnea* em Gen. Gymnanthes, uma euforbiácea
[19] *Doxocopa laurentia* em taleira
[20] *Anartia amathea* em acantáceas arbustivas do Gen. *Justicia* e *Ruellia*

pg. 64

[25] *Arcas ducalis* em anonáceas, no araticum Gen *Rollinia*

pg. 65

[26] *Eurytides dolicaon* em anonáceas do Gen. Gutteria e Xylopia, árvores encontradas em matas e cerrados.
[27] *Dione juno* em varias espécies de maracujás (*Passiflora*)
[28] *Phoebis philea* em *Cassia alata, C. imperialis, C.javanica, e C. bicapsularis* (fedegoso)
[29] *Philaethria wernikei* em varias espécies de maracujás (*Passiflora*)
[30] *Siproeta steneles* em acantáceas
[31] *Dryadula phaetusa* em varias espécies de maracujás (Passiflora)
[32] *Eraclides androgeus* em algumas espécies do Gen. *Citrus*

pg. 66

[33] *Heraclides androgeus* em espécies do Gen. *Citrus*
[34] *Heraclides hectorides* em piperáceas herbáceas do Gen. *Piper*
[35] *Battus polydamas* em muitas espécies de trepadeiras do Gen. *Aristolochia*

pg. 67

[37] *Hypna clytemnestra* em euforbiáceas do Gen. *Croton*
[38] *Memphis morvus* em lauráceas
[39] *Memphis ryphea* em euforbiáceas do Gen. *Croton*
[40] *Zaretis itys* em flacurtiáceas arbustivas do Gen.*Casearia*
[41] *Memphis ryphea* em euforbiáceas do Gen. *Croton*

pg. 68

[42] *Pterourus scamander* em abacateiro

pg. 69

[45] *Marpesia petreus* em moráceas do Gen. *Ficus*, jaqueira e figueira
[46] *Protesilaus protesilaus* em lauráceas do Gen. *Cryptocaria*

pg. 75

[47] *Colobura dirce* em várias espécies de imbaúbas do Gen. *Cecropia*

pg. 79

[48] *Archaeoprepona demophon* em muitas lauráceas, incluindo o abacateiro
[49] *Hamaryas amphinome* em trepadeiras do Gen. *Dalechampia*
[50] *Hamadryas fornax* em trepadeiras do Gen. *Dalechampia*

pg. 80

[51] *Hypanartia lethe* em arbustos de *Trema micichranta*

pg. 81

[52] *Pierella nereis* em cyperáceas

pg. 88

[58] *Ascalapha odorata* em *Cassia grandis* e *Inga bahiensis*

pg. 91

[61] *Thysania zenobia* em canafístula e cassia imperial

pg. 112

[65] *Parides ascanius* na trepadeira *Aristolochia macroura*

pg. 130

[67] *Danaus plexippus* em *Asclepias curassavica*
[68] *Danaus gilippus* em *Asclepias curassavica*, em outras asclepiadáceas e em alguns cipós-de-leite do Gen. *Oxypetalum*
[69] *Historis odius* em várias espécies de imbaúbas do Gen. *Cecropia*

pg. 131

[70] *Heliconius sara* em alguns maracujás (Passiflora)
[71] *Dryas iulia* em muitos maracujás (Passiflora)

[72] *Heliconius ethilla narcea* em muitos maracujás (Passiflora)
[73] *Agraulis vanillae* em muitos maracujás (Passiflora)
[74] *Heliconius erato* em alguns maracujás (Passiflora)

pg. 134

[75] *Mechanitis lysimnia* em várias espécies de tomateiros-bravos do Gen. *Solanum*
[76] *Methona themisto* em manacás-dos-jardins *Brunfelsia uniflora*
[77] *Chlosyne lacinia* em várias compositas, prncipalmente do Gen. *Helianthus* (girassol)

pg. 135

[79] *Brassolis astyra* em muitas espécies de palmeiras
[80] *Brassolis sophorae* em muitas espécies de palmeiras

pg. 139

[81] *Siproeta trayja* em acantáceas

pg. 141

[83] *Mestra hypermestra* em euforbiácea do Gen. *Tragia*
[84] *Parides agavus* em algumas trepadeiras do Gen. *Aristolochia*

pg. 142

[85] *Parides anchises* em muitas trepadeiras do Gen. *Aristolochia*
[86] *Battus polystichtus* na trepadeira *Aristolochia triangularis*

pg. 144

[87] *Blepolenis batea* em algumas espécies de gramíneas como o capim-amargoso
[88] *Opoptera syme* em algumas espécies de bambus e de palmeirinhas

[89] *Dasyophthalma rusina* em algumas espécies de bambus e de palmeirinhas
[90] *Dasyophthalma creusa* em algumas espécies de bambus e de palmeirinhas

pg. 146

[91] *Caligo beltrao* em marantáceas e em algumas espécies de bananeiras do Gen. *Musa*

pg. 160

[92/93] *Myscelia orsis* em arbustos de *Trema michranta*

O AUTOR

Uma vida voltada para a Ciência e a Arte, como a de Rob de Góes, foi conseqüência de um profundo interesse pela natureza, desde a infância. Ainda garoto, já era conhecido no bairro em que morava por suas caçadas aos insetos e a outros bichos, com a finalidade de estudá-los e desenhá-los.

Na década de sessenta, entusiasmado com os projetos de abertura das grandes estradas que iriam cortar o país, formou-se em Agrimensura com o sonho de participar dessas empreitadas e ficar em contato com a natureza. Porém, logo percebeu que Engenharia não era bem a sua vocação. Voltou-se para a Biologia e, a partir de 1963, acabou trabalhando por quase dez anos no Instituto Butantan. Viajou por todo o Brasil, caçando e identificando as serpentes, durante a realização de um mapeamento das espécies perigosas para uma correta distribuição de soro antiofídico.

Depois de acumular experiências em lugares ainda selvagens como a Amazônia e o Pantanal, desempenhou a função de instrutor no Corpo de Fuzileiros Navais (RJ) para o curso de Sobrevivência na Selva.

Em 1972, com um razoável conhecimento de técnica fotográfica e de Biologia, deixou o Butantan e passou a documentar a vida selvagem, fornecendo imagens para agências de fotografias, produzindo textos, ilustrações e fotos, durante quinze anos, para várias editoras (Abril, Bloch, Três, Jornal do Brasil etc.). Também produziu fotos e textos sobre Arquitetura, Arqueologia e Costumes Exóticos no México e em vários países da Europa, Ásia e África para o Centro de Pesquisas Educacionais Queirós Filho (USP).

Suas reportagens, quando se assinava Roberto Muylaert Tinoco, exigiram os mais diversos meios de locomoção. Usou um helicóptero para documentar a Ilha da Trindade no meio do oceano Atlântico, viajou de camelo através do Saara, acomodou seu equipamento fotográfico sobre elefantes nas planícies da Índia e utilizou motocicletas para atingir lugares tão inacessíveis como as montanhas do Nepal e as crateras de alguns vulcões. Viveu por quase um ano em Tenerife e Lanzarote, ilhas do Arquipélago das Canárias, na costa ocidental da África, trabalhando no Setor de Zoologia de uma universidade espanhola. De lá, foi enviado ao Saara Espanhol e Marrocos, incumbido de coletar material arqueológico, plantas e animais para a universidade de Tenerife e de obter imagens para um audiovisual sobre o Tracoma, uma doença comum entre os habitantes do deserto.

Em 1984 apresentou um projeto de livros paradidáticos na área de Biologia, durante o XXV Congresso Mundial de Educação Através da Arte, promovido pela UNESCO e lançou oito livros do projeto nesse mesmo ano, na 36ª Reunião da Sociedade Brasileira para o Progresso da Ciência (SBPC).

Atuou, várias vezes, como coordenador de trabalhos de graduação em Entomologia Médica e Agrícola para alunos das faculdades de Agronomia (UNICAMP) e Biologia (USP).

Em 1988, foi convidado pelo Centro de Educação Ambiental da Prefeitura de São Paulo para liderar um grupo de biólogos num projeto de sua autoria, enfocando o relacionamento de insetos e plantas. Logo em seguida, trabalhou por meia década para uma empresa do grupo Moinho Santista como mentor e consultor de um projeto ecológico, voltado para a proteção e multiplicação de insetos e de plantas nativas, numa das últimas e grandes áreas verdes da cidade de São Paulo (Panamby).

Recebeu o Prêmio José Reis de Divulgação Científica em 1989, na categoria de Pesquisador, ganhou por duas vezes o Prêmio Abril de Jornalismo com temas sobre Biologia na revista Superinteressante e recebeu Menção Honrosa no Prêmio Jabuti de Literatura. Nos EUA, conquistou uma Medalha de Ouro de Fotografia com um trabalho sobre insetos.

Em 2003, concluiu a primeira parte de um complexo projeto educacional sobre Biologia: a pintura de 140 metros lineares de murais, num colégio de São Paulo, que se completará com uma produção de apostilas paradidáticas e um livro infantil.